地球系统科学实践教学系列教材
中国地质大学（武汉）教学改革项目（2021G01）支持

神农架大九湖及其周缘表生地球系统科学实习指导书

Practicum Guide for Surface Earth System Science in Shennongjia Dajiuhu and Its Surrounding Areas

黄咸雨 主编

中国地质大学出版社
CHINA UNIVERSITY OF GEOSCIENCES PRESS

图书在版编目(CIP)数据

神农架大九湖及其周缘表生地球系统科学实习指导书/黄咸雨主编. —武汉:中国地质大学出版社,2025.4. —ISBN 978-7-5625-6159-0

Ⅰ. P942.630.78-62

中国国家版本馆 CIP 数据核字第 20254T372Z 号

神农架大九湖及其周缘表生地球系统科学实习指导书 黄咸雨 **主编**

责任编辑:胡 萌 选题策划:段 勇 责任校对:张咏梅

出版发行:中国地质大学出版社(武汉市洪山区鲁磨路 388 号) 邮编:430074

电 话:(027)67883511 传 真:(027)67883580 E-mail:cbb@cug.edu.cn

经 销:全国新华书店 http://cugp.cug.edu.cn

开本:787mm×1092mm 1/16 字数:230 千字 印张:9

版次:2025 年 4 月第 1 版 印次:2025 年 4 月第 1 次印刷

印刷:武汉中远印务有限公司

ISBN 978-7-5625-6159-0 定价:32.00 元

前　言

大九湖湿地镶嵌于神农架林区，这片区域被誉为“三冠王”，即世界自然遗产、世界地质公园、人与生物圈保护区。此区域拥有独特的植被垂直分带、丰富的山地土壤系列以及繁多的动植物物种。作为丹江口水库最大入库河流——堵河的源头，大九湖湿地类型多样，涵盖了泥炭藓沼泽、草本沼泽、灌木沼泽，以及沼泽化草甸、河流与湖泊。凭借其显著的代表性和典型性，大九湖湿地在2006年成为华中地区首个国家湿地公园，并于2013年10月被国际湿地公约组织列入国际重要湿地名录。除了生态上的重要性，大九湖的湖沼相沉积还为长江中游的古气候与古生态研究提供了宝贵材料。这些资源与国家在气候变化、双碳目标及长江大保护等方面的需求紧密相连，大九湖湿地也成为地质学、地理学和生物学等专业野外实践教学的理想基地。

中国地质大学(武汉)在大九湖湿地的研究与保护工作中扮演着重要角色。早在2005年，谢树成教授便带队对大九湖进行了深入考察，采集了泥炭岩芯，并启动了泥炭湿地现代过程监测计划。经过近20年的不懈努力，团队克服了重重挑战，对泥炭湿地关键带的水、土、气、生等多要素进行了系统监测，成功建立了自然资源部神农架大九湖泥炭湿地关键带野外科学观测研究站(简称大九湖站)。在末次冰消期以来的古气候演变及湿地生态响应与反馈等领域，大九湖站取得了显著的研究成果，并在 *Science*、PNAS、*Nature Communications*、*Geology*、*Geochimica et Cosmochimica Acta*、*Quaternary Science Reviews*、*Geoderma*、*Journal of Hydrology* 以及《中国科学:地球科学》等国内外知名地学期刊上发表学术论文近80篇，三次荣获湖北省自然科学奖一等奖(2015年、2022年、2023年)。大九湖站的这些前沿学术成果与社会服务价值，能够激发学生在地球表层系统科学、关键带科学、第四纪地质学、自然地理学、湿地生态学等领域的研究兴趣，同时培养学生的家国情怀，坚定他们服务于国家需求的责任感与使命感。

基于多年的数据和资料积累，大九湖站组织编写了这本实习指导书，主要面向地质学、地理学、生物学等专业的本科生。指导书内容涵盖两大方面:一方面，系统介绍了泥炭湿地关键带的调查方法与技能，以及泥炭古气候研究方法，旨在帮助学生掌握开展泥炭湿地工作的基本方法与技术;另一方面，围绕湿地碳循环、湿地健康、水源地水质安全、古气候与古生态重建等前沿问题和国家需求，设置了10条实习路线，指导学生进行野外调查、数据收集与分析，从而培养他们的实践能力。这些内容将有助于学生更深入地理解和掌握泥炭湿地研究及应用的相关知识，切实提升他们的实践能力和综合素质。

本指导书由长期工作在大九湖一线的老师编写。其中，黄咸雨负责统筹并设计了本书的整体框架结构，具体编写分工如下:第一章由黄咸雨编写;第二章第一节由林晓编写，第二节和第三节由黄咸雨编写；第三章第一节由杨欢编写，第二节由张一鸣和黄咸雨共同编写，第三节由陈旭编写，第四节由黄咸雨编写，第五节由李辉编写，第六节由黄咸雨和张一鸣共同编写；第四章第一节由李东东和林晓共同编写，第二节由林晓编写，第三节由杨欢编写，第四节由李辉编写，第五节由陈旭和黄咸雨共同编写，第六节由陈旭、秦养民和向兴共同编写，第七节由张一鸣、黄咸雨和林晓共同编写，第八节、第九节和第十节均由黄咸雨编写。

在资料提供方面，党心悦、胡军、叶琴、博士生阳光贡献了部分材料，湖北大学杨兰芳教授提供了神农架土壤剖面的照片。于小芳、硕士生刘政顺、硕士生张明明绘制了部分图件。书中的图件除了注明出处的之外，主要由黄咸雨和林晓提供。林晓和陈旭参与了全文的校正工作。

本指导书的编写得到了众多专家学者和领导的大力支持，在此特别感谢谢树成院士、朱宗敏教授、顾延生教授、王红梅教授、单华生老师等。大九湖站所取得的成绩，离不开中国地质大学（武汉）地球科学学院、地理与信息工程学院、环境学院以及地质微生物与环境全国重点实验室的多位老师和多届研究生的辛勤付出，同时也得益于神农架国家公园科研院的长期支持与帮助，在此一并表示衷心的感谢！

黄咸雨
2024 年 12 月

目　录

第一章　湿地与泥炭地简介

第一节　湿　地

1. 湿地定义

关于湿地的定义，国内外存在着非常多的版本，归纳起来可以分为管理定义和科学定义（殷书柏等，2014；Mitsch and Gosselink，2015；王瑞卿等，2022）。湿地管理依赖于具有法律约束力的授权标准，这些标准旨在防止或限制人为活动对湿地的破坏。因此，管理者对湿地管理授权标准及其所界定的管理范围格外关注。湿地科学家追求的是富有弹性、全面而严密的定义，便于进行湿地分类、野外调查和研究（姜明等，2023）。

在管理定义方面，目前应用最为广泛的定义来自《关于特别是作为水禽栖息地的国际重要湿地公约》（简称《湿地公约》），该公约定义湿地为：天然或人造、永久或暂时的死水或流水、淡水、微咸或咸水沼泽地、泥炭地或水域，包括低潮时水深不超过 6 m 的浅水区。这个定义非常强调水的作用，因而将一些被水体覆盖的区域，包括滨海、湖泊和河流等，纳入了湿地的范畴。

在《中华人民共和国湿地保护法》中，湿地被定义为：具有显著生态功能的自然或者人工的、常年或者季节性积水地带、水域，包括低潮时水深不超过 6m 的海域，但是水田以及用于养殖的人工水域和滩涂除外。此定义强调了湿地具有显著生态功能，同时从中国湿地保护和合理利用的现实需要考虑，把水田以及用于养殖的人工水域和滩涂排除在湿地范畴以外。

对于湿地的科学定义，得到广泛认可的是美国鱼类及野生动物管理局的湿地定义。湿地是处于陆地生态系统和水生生态系统之间的过渡区，通常湿地地下水水位达到或接近地表，或者处于薄层淹水状态，湿地至少具有以下 3 种特征之一：①至少是周期性地以水生植物为优势；②基底以排水不良的湿地土壤（hydric soil）为主；③基底不是土壤，并且在每年生长季的部分时间水分饱和或水淹。该定义引入了水成土和水生植物的概念，水成土、水生植物和湿地水文构成了“湿地三要素”。不同于管理定义，湿地的科学定义强调湿地的水陆过渡性，以及生物、土壤和水文等要素相互作用的重要性。

2. 湿地分类

在《湿地公约》中，湿地被分为三大类，分别是海洋/海岸湿地（marine/coastal wetlands）、内陆湿地（inland wetlands）和人工湿地（human-made wetlands），涵盖了 42 个类型。在 2009

年发布的《湿地分类》(GB/T 24708—2009)中,湿地被分为自然湿地和人工湿地两大类,自然湿地进一步被分为滨海湿地、河流湿地、湖泊湿地和沼泽湿地。《中华人民共和国湿地保护法》主要沿用的是这套分类体系。

以上的分类都是从管理的角度出发,而科学意义的湿地,也称为狭义的湿地,主要是沼泽湿地,包括苔藓沼泽、草本沼泽、灌丛沼泽、森林沼泽、沼泽化草甸等类型。在《中国沼泽志》(赵魁义,1999)中,沼泽被定义为:地表常年过度湿润或有薄层积水,生长沼生、湿生(或盐碱)植物,有泥炭积累或明显的潜育层的土地。在湿地学经典著作 *Wetlands*(5th edition)中,湿地被分为两大类 5 种类型:属于滨海的潮汐沼泽(tidal marshes,盐沼和潮汐淡水沼泽)、红树林沼泽(mangrove swamps);属于内陆的淡水草本沼泽(freshwater marshes)、淡水森林沼泽(freshwater swamps)和泥炭地(peatland)(Mitsch and Gosselink,2015)。

3. 湿地生态服务功能

湿地的生态服务功能极为丰富且多样,涵盖了水源涵养、气候调节、水质净化、生物多样性保护、提供天然产品以及社会功能等多个方面(Mitsch and Gosselink,2015)。这些功能使得湿地在保护生态环境、维持生态平衡以及促进人类经济社会发展中发挥着不可替代的作用。

首先,湿地是"地球之肾",它具备强大的净化功能,能有效吸纳水中的营养物,降解有机物,改善水质。在水流动的过程中,湿地通过沉积物的吸附作用和生物的新陈代谢作用等,吸收进入湿地的水中的氮、磷等,从而达到净化水质的目的。

其次,湿地具有调节气候和水文的功能。湿地生态系统在全球和区域水循环中发挥着重要的调节与缓冲作用,能涵养水源、调蓄洪水、补充地下水,有助于维持区域水资源安全。湿地还是陆地碳循环的重要场所,通过湿地植物光合作用、有机碳累积、甲烷排放、可溶有机质的横向迁移等过程影响区域碳平衡,并对全球气候产生影响。

再者,湿地是生物多样性的重要发源地之一,被誉为"天然物种库"。它是众多珍稀濒危物种栖息和繁衍的场所,对保持生物多样性和维持生态平衡至关重要。

最后,湿地还具有丰富的天然产品,是许多粮食植物的重要生境,为人类提供了丰富的动植物资源。同时,湿地也具备社会功能,是科研、教育、旅游等的重要基地,为人们提供了丰富的自然观光、旅游、娱乐等美学方面的体验。

第二节　泥炭地

1. 沼泽、泥炭沼泽与泥炭地

沼泽湿地(一般简称为沼泽)是最主要的湿地类型,约占全球天然湿地总面积的 85%(Keddy,2010)。按照地表覆盖植被和有无泥炭积累,沼泽可划分为木本沼泽、草本沼泽和泥炭沼泽 3 类。区分泥炭沼泽与其他两类沼泽的依据是泥炭(peat)和泥炭层的最小厚度。最常见的是把有机质含量大于 30%的湿地沉积物判别为泥炭,而泥炭层厚度大于 30 cm 的可以认定为泥炭地。对于泥炭的有机质最低含量和泥炭层的最小厚度,不同国家采用不同的标准(陈槐等,2021)。泥炭还被归为土壤,在《中国土壤分类与代码》(GB/T 17296—2009)中,按发生学原理泥炭被归到水成土纲(hydromorphic soil),包含沼泽土和泥炭土 2 个土类;而在《中国土壤系统分类检索》(第三版)(中国科学院南京土壤研究所土壤系统分类课题组,中国土壤系统课题研究协作组,2001)一书中,将泥炭纳入到有机土纲(histosols)。

木本沼泽(swamps)指的是有森林覆盖的湿地;草本沼泽(marshes)指的是以草本植物为主导的湿地。这两类沼泽通常缺乏泥炭积累。泥炭沼泽(mires),也称泥炭地(peatlands),强调的是泥炭积累,它的植被类型可以是藓类(主要是泥炭藓 *Sphagnum*),也可以是草本植物(例如莎草科)。在热带地区,还发育着有森林覆盖的泥炭沼泽。在北方泥炭地,杜鹃科灌丛也很常见。在一些地下水水位较低的矿养型泥炭地也能发育森林泥炭(forested peatland)。从上面的描述可以看出,这些术语的内涵和英文名称很容易混淆(罗玲等,2016)。泥炭地的英文名称既有 mire,也有 peatland。它们的区别在于:mire 强调的是生态学属性,翻译为泥炭沼泽更合适,而 peatland 强调的是泥炭积累(柴岫,1990;罗玲等,2016;陈槐等,2021)。一些已经停止泥炭积累的泥炭地(如埋藏泥炭地),仍属于 peatland,但不属于 mire。在不少的研究中,peatland 和 mire 被认为是通用的,北美更多的用 peatland,而欧洲常用 mire(罗玲等,2016)。Mire 还被认为指示的是广泛意义上的沼泽(马学慧,2005)。例如,《中国沼泽志》(第二版)的英文翻译是 *Records of Mires in China*(姜明和赵魁义,2023)。在该书中,关注的主要是现生的泥炭地,因此不区分泥炭地和泥炭沼泽,统一用泥炭地这个术语。

可以从不同的视角来划分泥炭地。从成炭植物的角度,泥炭地可以划分为藓类泥炭地、草本泥炭地和木本泥炭地。从营养物来源的角度,泥炭地可以划分为雨养型泥炭地(ombrotrophic)和矿养型泥炭地(minerotrophic)。前者通常称为 bog,而后者通常称为 fen(卜兆君等,2005;陈槐等,2021)。可以从泥炭孔隙水 pH 的角度来区分 bog 和 fen。前者通常是酸性的,pH 值基本上小于 5,被以贫营养泥炭藓为主的植被覆盖,而 fen 的 pH 值通常比 bog 高,甚至会出现一些偏碱性的 fen,通常生长着莎草科、灯心草科等富营养植物。对于雨养型泥炭地,进一步还可以划分为隆起沼泽(raised bog 或 raised mire)、披盖式沼泽(blanket bog 或 blanket mire)(Charman,2002)。矿养型泥炭地可以依据营养状况划分为 rich fen、moderate fen 和 poor fen,也可以依据水文地貌特征进行划分(Charman,2002;图 1-1)。

泥炭地广泛分布于全球,但十分不均匀,主要集中在北方地区,对应于北半球湿度大的寒温带气候区,尤其是西伯利亚西部、美国阿拉斯加、加拿大和斯堪的纳维亚半岛(Xu et al.,2018;图 1-2),其次分布在刚果河、亚马孙、东南亚等热带雨林地区,主要是森林泥炭地。南半球中高纬度泥炭地分布相对较少,主要分布在南美洲南部和新西兰。

中国的泥炭地资源较为丰富,但是分布不均匀,主要集中在东北地区和若尔盖高原(王铭等,2012)。在秦岭、淮河以南,雷州半岛以北,横断山脉以东的广大地区,属于泥炭弱度堆积带。由于亚热带地区气候较炎热,虽然沼泽植物生长量大,但是其分解强度也较大,泥炭积累受到一定程度的抑制。由于高强度的人类活动,很多分布在亚热带平原地区和沿海地区的泥炭地中的泥炭已经停止累积,只有少量残存在山间盆地的泥炭地仍维持着较正常的生态功能(张明明等,2021)。这些亚热带泥炭地面积较小,其中面积最大的是神农架大九湖泥炭地。在植被组成方面,大部分亚热带泥炭地都发育有泥炭藓,且基本上都是大泥炭藓(*Sphagnum palustre*),苔草和灌丛的覆盖率较高(郎惠卿,1999)。

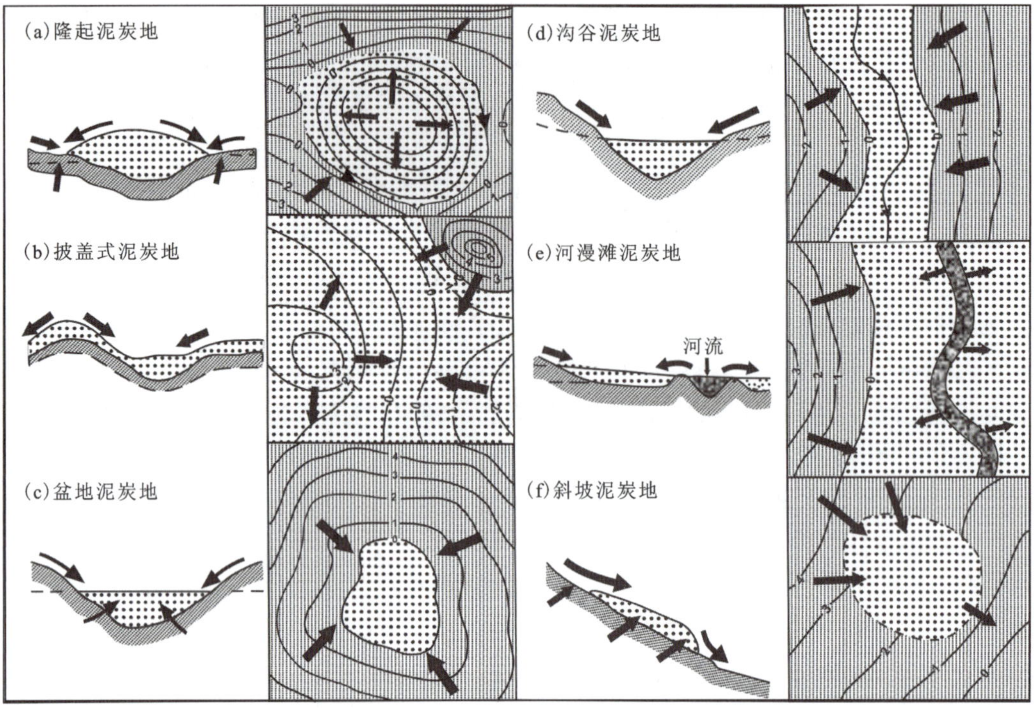

图 1-1　按照水文地貌特征划分的泥炭地类型(修改自 Charman,2002)

注:图中展示了各种泥炭地水流的方向;(a)和(b)属于雨养型泥炭地,其他属于矿养型泥炭地

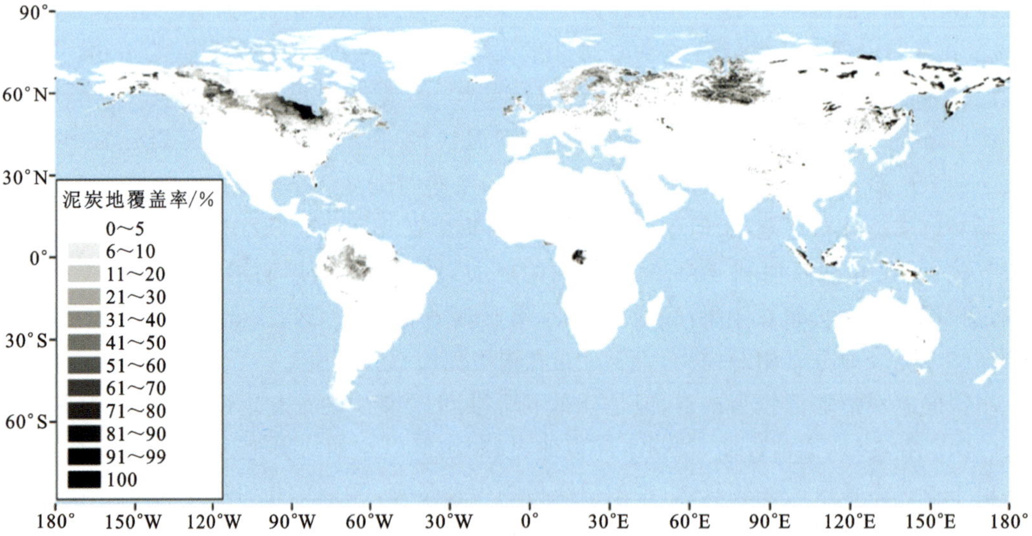

图 1-2　全球泥炭地分布(修改自 Xu et al.,2018)

2. 泥炭地形成与演化

泥炭地属于水陆过渡的类型,它的起源主要有两类(图 1-3):一是由水体转化为泥炭沼

泽，二是由陆地演化为泥炭沼泽。前一种被称为水域沼泽化(terrestrialization)，例如湖泊沼泽化、河流沼泽化；后一种被称为陆地沼泽化(paludification)，发生在矿质土壤的表面，例如森林沼泽化、草甸沼泽化。

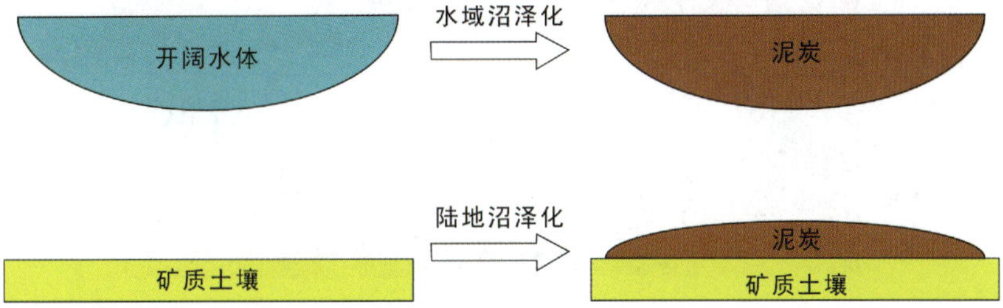

图 1-3 泥炭地形成示意图(修改自 Schumann and Joosten,2008)

泥炭地是一种富有生命力的自然综合体，能够在一定的自然条件下形成，并随着自然条件变化而变化(柴岫，1990)。在自然条件发生明显变化时，泥炭会停止积累，泥炭地转变为湖泊或其他类型的生态系统。在外界条件没有发生明显变化的情况下，泥炭地也会自发地发生演化，最显著的变化是矿养型泥炭地向雨养型泥炭地的转变(fen-bog transition；Loisel and Bunsen，2020)。图 1-4 展示了一个典型的泥炭地演化序列，它起始于湖泊沼泽化，随着泥炭厚度的增大，整个湖泊会被填满，进一步地隆出地面，形成雨养型泥炭地。除了时间序列上的演化，还需要关注泥炭地的横向发展(lateral expansion)，会逐步充填整个洼地，处于不同位置的泥炭的起始发育时间表现出明显的差异性。

在泥炭地发育过程中堆积形成的泥炭沉积(peat deposit)是第四纪古气候与古生态研究的优良载体。泥炭沉积分布较为广泛，泥炭样品容易获取，并且已经开发出种类丰富的气候环境代用指标(Chambers et al.，2012)。相比于其他的陆地研究载体，泥炭有以下几方面的优势：①泥炭的堆积过程与环境条件密切相关，特别是水文条件，因此包含丰富的水文气候信息；②泥炭可以利用放射性^{14}C测年，测年较为容易并且有较高的准确性；③泥炭偏酸性和还原的环境有利于有机质的保存，使得泥炭沉积通常富含有机质，连续性好，有利于获取较高分辨率的记录。

3. 泥炭地微地貌与水文特征

泥炭地表面并不平坦，表现出明显的空间异质性。这种亚米至米级的起伏，通常称为微地貌。最常见的两种微地貌分别是洼地(hollow)和草丘(hummock)(图 1-5)。在洼地和草丘间，有时还划分出处于过渡型的平坦地(lawn)，还会出现局部积水的水坑(pool)。洼地指的是地势相对较低的区域，通常处于淹水的状态。草丘则是相对较高和较干的区域，通常位于泥炭地的洼地之间。草丘的高度和形状可能因地区和环境条件的不同而有所变化。洼地和草丘的形成与泥炭地内部的水分、湿度差异有关。洼地和草丘具有不同的微生境，栖息着不同的植物和动物。例如，草丘上适合生长尖叶泥炭藓、锈色泥炭藓等藓类和矮化的灌木，而洼地上更适合生长喙叶泥炭藓等(Rydin et al.，2006)。微地形上的干湿差异、植物组成差异，将会对碳分解、光合作用和甲烷的氧化与释放等生物地球化学过程产生显著的影响。

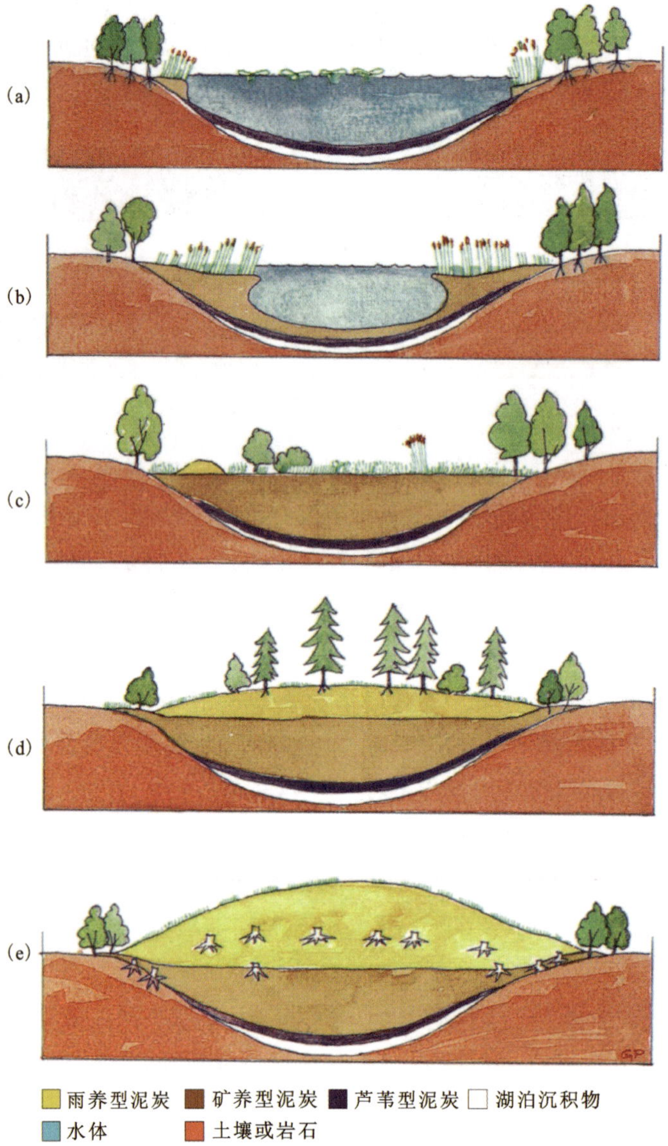

图 1-4　从开阔水体向隆起沼泽的演化序列(修改自 Rotherham,2020)

(a)湖泊;(b)湖泊向矿养型泥炭地转变期;(c)矿养型泥炭地;(d)矿养型向雨养型泥炭地转变期;(e)雨养型泥炭地

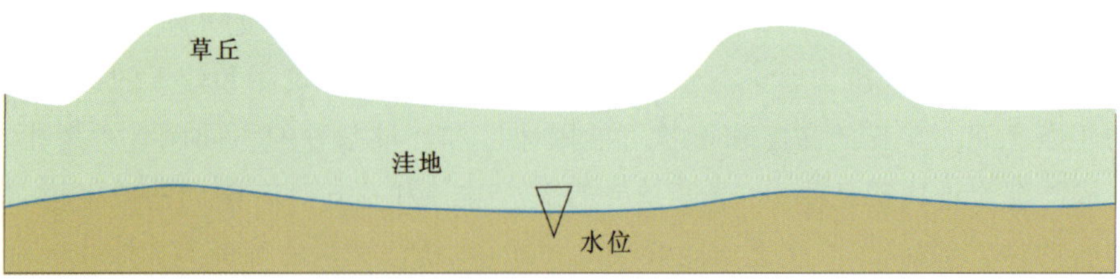

图 1-5　泥炭地草丘和洼地示意图

泥炭地的水文特征主要包括次表层的横向流和垂向的水流(图1-6),这些特征决定了泥炭地的水文过程,对水的周期性、流量、质量、土壤侵蚀等方面产生了一定的影响,也促进了泥炭地的形成和维持。首先,泥炭地的次表层存在横向流现象,水在泥炭地的表层经过渗透后会在泥炭层中逐渐向四周扩散。由于泥炭地具有高度蓄水性和较低的导水性,这种横向流非常缓慢,常常每年只有数厘米到数十厘米,并且主要在雨季时增强。泥炭地中的横向流不仅决定了水的分布和各种物质的迁移,而且为湿地生态系统提供了适宜的水分和营养物质,影响泥炭地区域生态系统的平衡和稳定。其次,泥炭地的垂向水流主要受毛细管作用控制。泥炭由未完全分解的植物残体组成,其多孔性结构导致泥炭具有很强的毛细管作用。当地表水分进入泥炭层后,会在泥炭层内上升,并通过毛细管作用使水分向上输送,以满足泥炭层内部分植物的水分需求。泥炭的吸水能力较强,所以这种向上的水流流动非常缓慢。

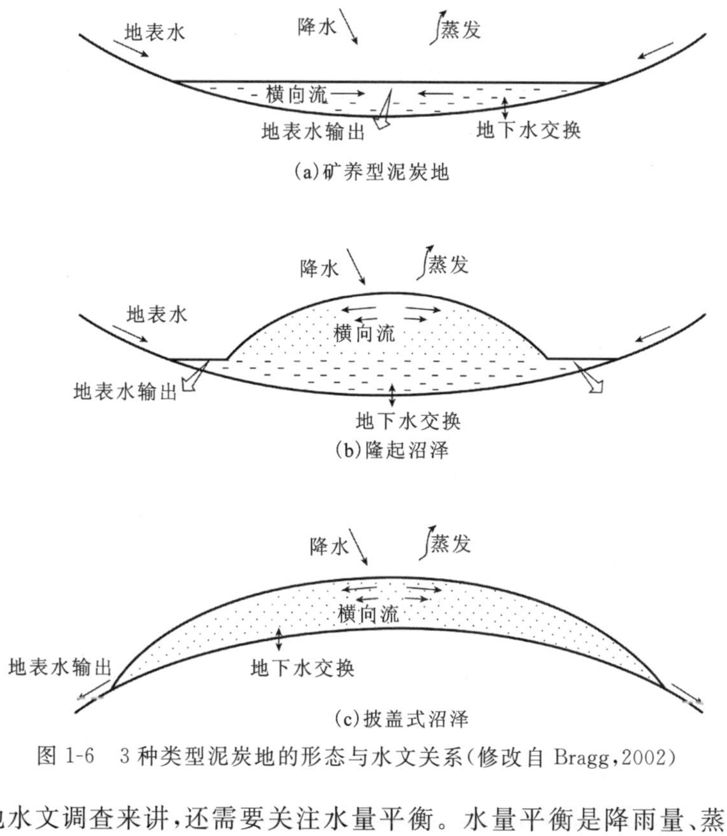

图1-6 3种类型泥炭地的形态与水文关系(修改自Bragg,2002)

对于泥炭地水文调查来讲,还需要关注水量平衡。水量平衡是降雨量、蒸发量和横向流失量共同作用后的结果。降雨量是指在一定时间和空间范围内的降水总量,它是水文系统输入的重要部分。蒸发量是指在相同时间和空间范围内,从水面、土壤和植被等表面蒸发的水量。蒸发量是水文系统的输出,使水量减少。横向流失量是指在水体地表流动时,从生态系统中以水流的形式流失的水量,包括河流的径流、地表径流和地下径流等。

4. 泥炭地生物

泥炭地，作为一种独特的湿地生态系统，孕育了丰富多样的生物群落。

泥炭地植被具有独特性，适应了水浸、酸性和低养分环境。苔藓在泥炭地中很常见，而且分布在泥炭地的苔藓大多只分布在湿地中(Rydin and Jeglum，2013)。泥炭地苔藓主要来自两个类群：泥炭藓(peat moss)和褐藓(brown moss)。前者对应于分类学上的泥炭藓属(*Sphagnum*)，泥炭藓是泥炭地中最具代表性的植物，可以储存大量的水分，在泥炭形成过程中起着关键作用，被称为泥炭地的“生态工程师”。褐藓是一个生态学意义的类群，以柳叶藓科(Amblystegiaceae)植物为主。褐藓主要分布于富营养的泥炭地(rich fen)，空间上则集中在泛北极地区(北半球的温带和寒带)。大多数但并非所有的物种都呈现一定程度的褐色、红褐色或黄褐色，甚至是金色。禾草类(graminoids)是泥炭地植物的另一个重要的类群，它包括禾本科(Poaceae)以及其他具有细长叶子的植物，如莎草科(Cyperaceae)和灯心草科(Juncaceae)。莎草科的苔草属(*Carex*)和羊胡子草属(*Eriophorum*)是常见的泥炭地植物。在泥炭藓占主导地位的泥炭地，禾草类的多样性通常较低。除了苔藓和禾草类，泥炭地中还会生长一些灌木，如杜鹃科的石楠和仙女越橘。一些乔木也能生长在泥炭地，热带泥炭地的植被类型通常以乔木为主。在营养贫乏的泥炭地，还生长着茅膏菜、捕虫堇等食虫植物，通过捕捉昆虫来获取养分。

泥炭地的动物大致可分为3个主要的类别：生活在开阔水坑(open pools)中的水生动物、专属于泥炭地的陆生动物，以及活动范围超出泥炭地本身的陆生动物。许多昆虫并不偏爱泥炭地，但作为植食性动物或传粉者，它们可能与特定的寄主植物种类密切相关。此外，一些生活在旱地的哺乳动物、鸟类和昆虫经常到泥炭地觅食或喝水(Rydin and Jeglum，2013)。

泥炭地中生活着大量的微型生物，特别是硅藻和变形虫。硅藻是泥炭地中重要的初级生产者，种类丰富且多样，广泛分布在泥炭地的水体和湿润土壤中。泥炭地的硅藻主要以羽纹纲中的短缝藻属和羽纹藻属为主，它们适应酸性贫营养的泥炭生境。泥炭地硅藻群落的组成受到水文条件和土壤基质的影响，并在碳储存和生物地球化学循环中发挥关键作用。有壳变形虫也是泥炭地中常见的原生生物，广泛栖息在泥炭藓植物叶、茎表面的水膜中。这些微小的原生生物具备单室壳体，能够适应泥炭地湿润、低氧的环境。有壳变形虫对环境变化敏感，其群落结构和分布可以反映泥炭地的水文与气候变化，因此常被用作环境监测的生物指标。

在泥炭地中，常见的细菌包括酸杆菌门(Acidobacteria)、变形菌门(Proteobacteria)、浮霉菌门(Planctomycetes)、拟杆菌门(Bacteriodetes)和放线菌门(Actinobacteria)。酸杆菌门细胞较小，代谢缓慢，为寡营养菌群，虽然其部分类群(如Blastocatellia纲和亚群)喜中性或碱性环境，然而Acidobacteriia纲则表现出嗜酸特征，也是泥炭沉积物中最为富集的酸杆菌群(Dedysh et al.，2006)。虽然变形菌与酸杆菌一样，主要营异养生长，但变形菌生长迅速，为富营养类群。变形菌门可细化为8个纲，而泥炭环境中最为常见的是α、β、γ和δ变形菌纲。α变形菌纲代谢方式多样，不仅包含了光能自养[*Rhodoplanes*(红游动菌属)、*Rhodopila*(红球形菌属)]、光能异养[*Roseococcus*(玫瑰球菌属)、*Magnetospirillum*(磁螺菌属)]，还包含一些利用不同有机物或无机物作为底物的化能营养型菌种，如以甲烷为底物的Methylocystaceae

(甲基孢囊菌科)和 Methylobacteriaceae(甲基杆菌科)、以甲醇为底物的 *Methylovirgula*(甲烷嗜碱菌属)、利用尿素的 *Azospirillum*(固氮螺菌属)、代谢氢气的 *Paracoccus*(副球菌属)和 Xanthobacteraceae(黄色杆菌科)、使用还原性硫化物的 *Bosea*(博斯氏菌属)。β 变形菌纲以介导氮循环闻名,如 *Nitrosomonas*(亚硝化单胞菌属)、*Nitrobacter*(硝化杆菌属)和 *Nitrosococcus*(亚硝化球菌属)能将氨转化为硝酸盐。δ 变形菌纲是严格厌氧微生物,由大多数已知的硫酸盐和硫还原细菌组成。拟杆菌门[如 *Cytophaga*(噬胞菌属)、*Dyadobacter*(成对杆菌属)、*Sporocytophaga*(生孢噬胞菌属)]和后壁菌门[*Selenomonas*(月形单胞菌属)]分别参与植物细胞结构纤维素和木聚糖的降解,放线菌[如 *Rhodococcus*(红球菌属)]可裂解芳环化合物。这些细菌介导了有机大分子分解为小分子的过程。

泥炭地中最显著的古菌是产甲烷菌[如 *Methanomethylovorans*(甲烷嗜甲基菌属)、*Methanosarcina*(甲烷八叠球菌属)]、乙酸盐[*Methanosaeta*(甲烷鬃毛菌属)]、CO_2/H_2[*Methanobacterium*(甲烷杆菌属)、*Methanoregula*(甲烷规则菌属)],它们可以利用有机物降解产生的小分子如甲基化合物等通过多种途径产生甲烷(承磊等,2016),促进泥炭地的甲烷释放。另外,深古菌也是泥炭沉积物中丰度最高的古菌类群,并且表现出代谢"多面手"的特征,不仅可以通过甲基转移酶代谢甲氧基实现木质素的分解(Yu et al.,2023),而且具有利用蛋白碎屑、碳水化合物等的潜力。虽然古菌的多样性低于细菌,但它们在厌氧层中更重要。

泥炭地中的真菌以子囊菌门(Ascomycetes)最为丰富,其次是担子菌门(Basidiomycetes)、接合菌门(Zygomycetes)和卵菌门(Chytridiomycetes),而青霉属(*Penicillium*)、盔孢伞属(*Galerina*)和被孢霉属(*Mortierella*)为最丰富的属(Thormann and Rice,2007)。泥炭地中的真菌多为腐生型,是将植物残体,尤其是纤维素和木质素等复杂的碳水化合物分解的重要"推手"。

5. 泥炭地观测

鉴于泥炭地的重要性,国内外已经广泛地开展了泥炭地观测研究。目前主要是对单个地点的观测,且关注的要素相对较少,以水文、生态观测为主,一个典型的案例是位于俄罗斯西西伯利亚的 Mukhrino 观测站(详细介绍可参考 Dyukarev et al.,2021)。在泥炭资源丰富的一些欧美国家,设置了规模较大的泥炭地观测项目,如美国 SPRUCE(Spruce and Peatland Responses Under Changing Environmentals,网址 https://mnspruce.ornl.gov)、法国 SNO Tourbières(Gogo et al.,2021;网址 https://www.sno-tourbieres.cnrs.fr/)、波兰 Climpeat.pl(Lamentowicz et al.,2016;网址 http://climpeat.pl/index.php)。这些较大规模的泥炭地观测项目,主要是探索泥炭地生态系统如何响应环境变暖或变干。在我国,主要的沼泽观测站包括黑龙江三江沼泽湿地生态系统国家野外科学观测研究站(始建于 1986 年,2005 年成为国家野外观测研究站)、青海海北高寒草地生态系统国家野外科学观测研究站(2006 年成为国家野外观测研究站)、四川若尔盖高寒湿地生态系统国家野外科学观测研究站(2021 年成为国家野外观测研究站)等。目前这些观测站主要是围绕高寒沼泽湿地生态系统进行观测研究。

美国的 SPRUCE 实验项目很好地展示了泥炭地观测领域的最新动态。由于技术和成本的限制，全土壤剖面增温实验在全球范围内屈指可数，但 SPRUCE 实验成功突破了这一难题。自 2011 年起，该实验在美国明尼苏达州的马塞尔实验森林的北方泥炭地展开，致力于探究泥炭地生态系统如何应对气候变化，特别是气温上升对生态系统过程的影响。该实验场地设有直径为 12 m 的样方，并通过 8 m 高的开顶箱和热空气为地上植物与空气增温。同时，利用垂直埋入泥炭 0～3 m 的电缆(共 3 圈，半径分别为 5.4 m、4.0 m、2.0 m)对泥炭剖面进行增温。这种独特的设置允许实验模拟不同程度的生态系统增温，包括对照、增温 2.25 ℃、4.50 ℃、6.75 ℃和 9.00 ℃(Hanson et al.,2017)。通过这些精心设计的实验，研究人员得以深刻洞察气温上升对泥炭地生态系统碳动态的影响。

第二章　区域概况

神农架古老而神秘，因华夏始祖炎帝神农氏在此架木为梯、遍尝百草而得名。神农架地处秦巴山脉东段，东瞰荆襄，西望巴蜀，南通三峡，北倚武当，与武陵山脉共扼长江；政区涵盖湖北神农架林区、兴山、巴东、房县、竹山和重庆的巫山、巫溪等县（市）。神农架平均海拔 1700 m，以海拔 3 106.2 m 的神农顶为最高，有“华中屋脊”之称。它既是长江与汉江之间的分水岭，也是亚热带与暖温带的过渡区；既有丰富的土壤类型和植被垂直分带，也有北纬 31°保存最为完好的北亚热带原始森林，因而成为南水北调中线工程的水源涵养地和三峡库区最大的生态屏障（廖明尧，2015）。

大九湖（31°24′51″—31°32′30″N，109°58′35″—110°7′32″E）位于神农架西部、鄂渝两省市交界之处（图 2-1），平均海拔 1730 m，是一个四周山峰环绕的岩溶盆地。盆地基底主要是寒武纪白云岩和奥陶纪灰岩（赵志中和何培元，1997），降水汇集后经北部的落水洞流出，再现已是汉江支流堵河的源头。大九湖盆地底部平坦，面积约 16 km^2，其间发育大面积的亚高山泥炭藓湿地，现存沼泽面积为 7.5 km^2，被誉为同纬度下的“绿色奇迹”。

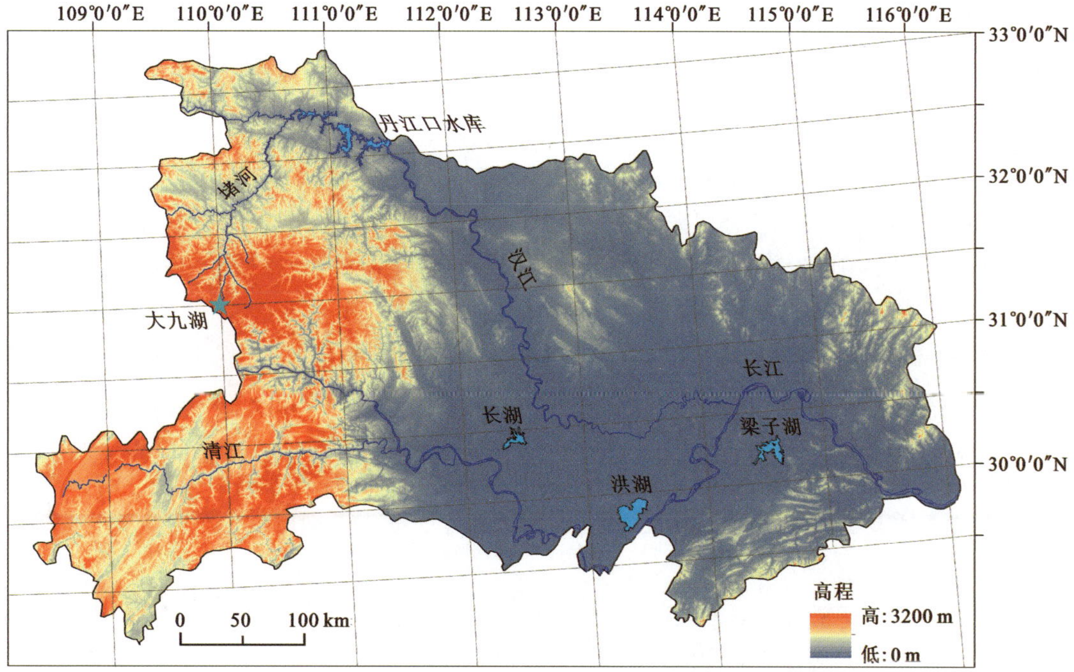

图 2-1　神农架大九湖在湖北省的位置示意图

第一节　地质地貌

神农架位于扬子板块北缘大巴山、川东雪峰山及鄂西大洪山三大弧形构造带的交会处，记载着20亿年以来地质作用的痕迹，既有中元古代的神农架群、代表罗迪尼亚超大陆裂解的辉绿岩墙、新元古代早期雪球事件的南沱冰碛砾岩，也有类型丰富的构造地貌、流水地貌、喀斯特地貌等地质景观近200处，是一座天然的地质博物馆。

1. 地质构造

神农架地区所在的大地构造位置由扬子板块、秦岭-大别造山带碰撞拼合而成，以城口断裂带为界，可被划分为南、北两部分(图2-2)。北部为逆冲褶皱断裂带，位于城口断裂与阳日断裂之间，基底为中元古界神农架群，古生界盖层发生强烈褶皱并形成一系列逆冲断层。南部为神农架穹隆状背斜隆起带，核部主要出露神农架群、马槽园群，周缘的盖层则为古生界—早中生界。

该区中生代—新生代隆升剥蚀对认识南、北两大构造带具有重要的意义。晚侏罗世—晚白垩世早期的“燕山运动”使大巴山发生持续的陆内造山作用，在近南北向的挤压作用下，神农架-黄陵地区快速隆升，周缘盖层发生强烈变形，形成一系列东西向褶皱构造。之后区内隆升速率变慢，江汉盆地等地以沉积作用为主，黄陵隆起也相对稳定。自始新世以来，黄陵地区再次快速隆升剥蚀。至晚新生代，3条大断裂即板桥断裂、九道-阳日断裂、马桥-古夫断裂围绕核部发育(图2-2)，神农架主峰断块不断抬升，周边夷平面则呈阶梯状下降并分别向秭归盆地、江汉平原、房县盆地倾斜，最终形成了东西延绵的、划分汉江一级流域与长江干流一级流域的分水岭。

2. 地层

神农架及邻区的地层除上志留统、下泥盆统、下石炭统、下白垩统、古近系、新近系以外，从中元古界至第四系均有分布，尤以前寒武系最为发育。中元古界的神农架群，厚度逾10 000 m，由区域变质的碳酸盐岩和少量碎屑岩夹层以及火山侵入岩组成。它与新元古界下部青白口系凉风垭组一起构成该区古老的褶皱基底。新元古界南华系及以上的地层呈盖层状，广泛分布在神农架群的周边(图2-2)。其中南华系不仅代表了8亿～6.3亿年前神农架地区从河流相到海相的沉积环境转变，同时南沱组冰碛砾岩也记录了重要的“雪球地球”事件。寒武系、奥陶系以碳酸盐岩为主，富含三叶虫、腕足类等化石。志留系、泥盆系多由砂岩、页岩组成。二叠纪、三叠纪灰岩发育，主要分布于神农架穹隆周缘。侏罗系则以泥岩、砂岩等碎屑岩为主。第四系松散堆积多见于山间盆地、沟谷和河流阶地。

1)神农架群

中元古界神农架群，因其群内各组层型剖面的命名地位于神农架而得名，是扬子地块北缘乃至整个中国南方最古老的褶皱基底之一(李怀坤等，2013)，也是中国这一时期前寒武系对比的重要依据，对研究晋宁运动、扬子地块成生演化乃至全球罗迪尼亚超大陆的裂解具有重要的意义。

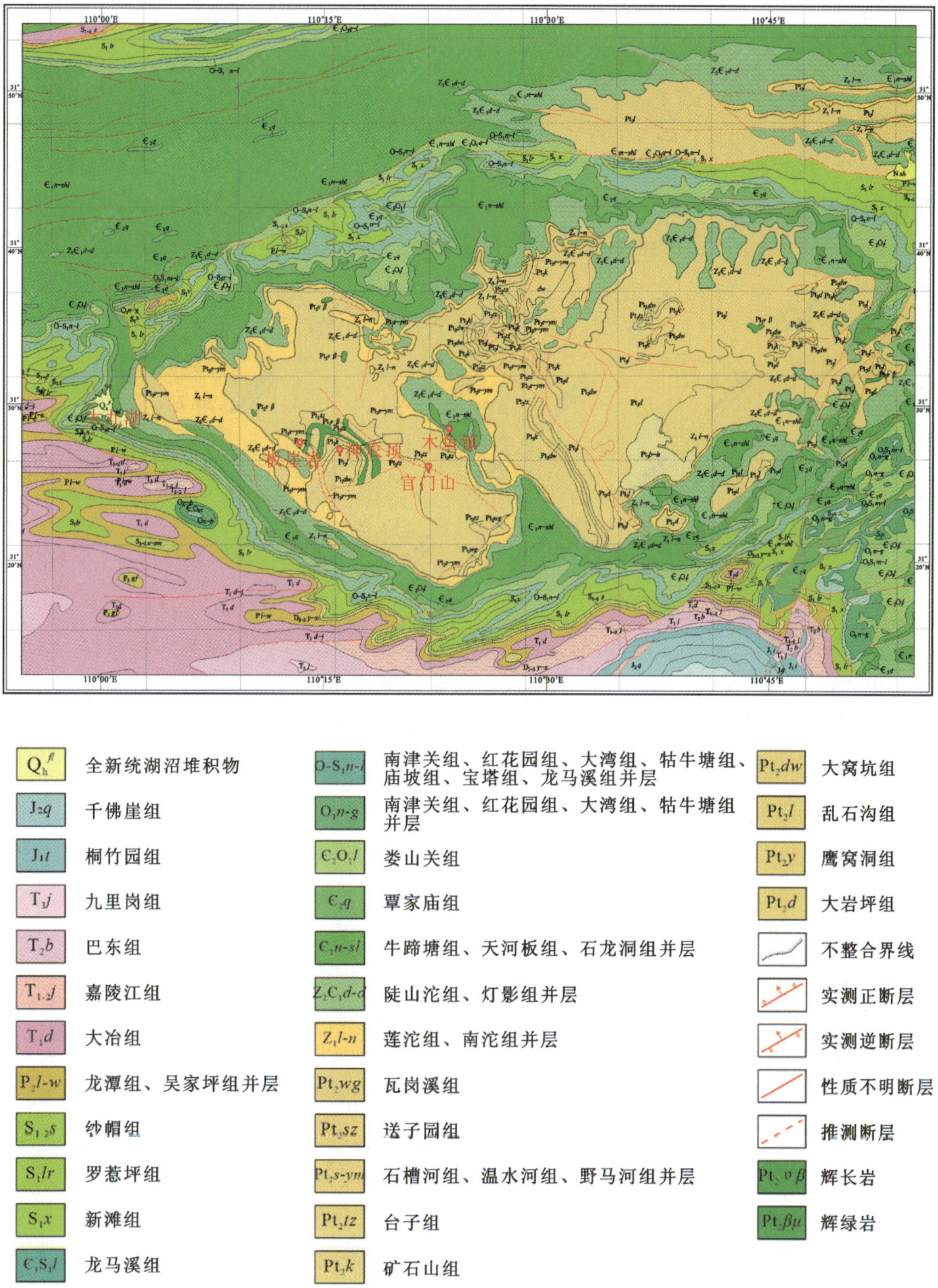

图 2-2 神农架地区 1∶50 万地质图

神农架群有大量保存良好的叠层石，类别多样，纹层清晰，通过测量纹层的灰度值、厚度变化并利用频谱分析的方法，可以识别出叠层石的生长周期，查明元古宙当时的古海洋环境及天文周期等基础地质问题。

神农架群主要分布于神农架穹隆状隆起带中南部，区内发育了大大小小的断裂，把神农架群分为了多个连续的地层单元。按照湖北省地质矿产局区域调查所与天津地质矿产研究所 1∶20 万地质图的划分方案（李铨和冷坚，1991），神农架群自下而上划分为鹰窝洞组-大岩坪组并层（Pt_2y+d）、乱石沟组（Pt_2l）、大窝坑组（Pt_2dw）、矿石山组（Pt_2k）、台子组（Pt_2tz）、石槽河组-温水河组-野马河组并层（$Pt_2s\text{-}ym$）、送子园组（Pt_2sz）、瓦岗溪组（Pt_2wg）。除了矿石山组与台子组之间是不整合接触，其余地层都为整合接触关系。神农架群以发育巨厚的碳酸盐岩为特征，中间不连续发育碎屑岩和火山岩夹层，并且发育多种小型—大型叠层石，野外露头非常良好。

神农架群的年龄在 14 亿～11 亿年之间，主要根据火山灰夹层和侵入岩脉获得（李怀坤等，2013），与碳同位素化学地层研究结果相一致（Li et al.，2022）。这套地层是国内仅有的中元古代晚期的地层，具有承上启下的作用，下接华北古—中元古界长城群和蓟县群，上接胶辽徐淮地区中—新元古代地层。因此神农架群非常有潜力作为国内中元古界的待建系（旷红伟等，2023）。

中元古代为“无聊的十亿年”的中期，早期的研究认为这段时期的地表环境、板块构造和生物演化都相对稳定。但是，化石记录表明多细胞真核生物在中元古代晚期之后的多样性快速提升，说明中—新元古代是重要的生命演化的转折期。此外，对神农架群的碳酸盐岩进行研究也发现台子组、温水河组的碳同位素有显著的正偏，这说明全球碳循环在这段时期发生了重要的重组（Li et al.，2022），从而可能促进了大气氧含量的增加，这些对真核生物的演化至关重要。因此，对神农架群的研究有助于我们加强对真核生物早期演化以及与之相关的地表环境、古海洋水化学变化的认识，从而为早期地球宜居性提供关键证据。

2）南沱组冰碛砾岩

神农架的南华系分为 2 个统 4 个组，下统为莲沱组，上统分为古城组、大塘坡组和南沱组。这一套连续出露的南华系，不仅代表了 8 亿～6.3 亿年前神农架地区从河流相到海相的沉积环境转变，同时也记录了两次重要的气候变冷事件。其中古城组和南沱组都是冰碛砾岩，主要由杂砾岩构成，发育有“马鞍石”、擦痕等冰川沉积特征，是典型的冰川沉积产物[图 2-3(a)]，对应于新元古代著名的全球性“雪球地球”事件[图 2-3(b)]；而大塘坡组则属于间冰期沉积（旷红伟等，2019）。冰碛砾岩分布的区域性明显，大致以神农架穹隆背斜的轴线为界，其西部出露完整，特别是在木鱼镇和大九湖镇坪阡村等地区，有非常好的南沱组露头出露[图 2-3(a)]；其东部缺失莲沱组至大塘坡组，在松柏镇等地南沱组以角度不整合直接覆盖于神农架群之上。神农架群之上的南华系在神农架林区十分发育，在整个林区内的各个乡镇基本都有出露。

神农架东部的南沱组，含有指示水流运动的纹层状粉砂岩和黑色页岩夹层。此地区在宋洛地区南沱组黑色页岩中发现的宏体藻类化石（图 2-4），指示了该时期存在适合光合作用植物生长的温暖开放环境，并不是完全冰封的“雪球地球”（Ye et al.，2015）。美国南加州大学的前寒武纪专家 Frank Corsetti 教授专门在美国地质学会会刊 *Geology* 上撰写评述文章（Corsetti，2015），认为这一有关宏体藻类的研究报道，是近年来前寒武纪最重要的化石进展之一，为重新理解当时生命演化和地球环境的关系提供了关键证据。宋虎跃研究员联合国内

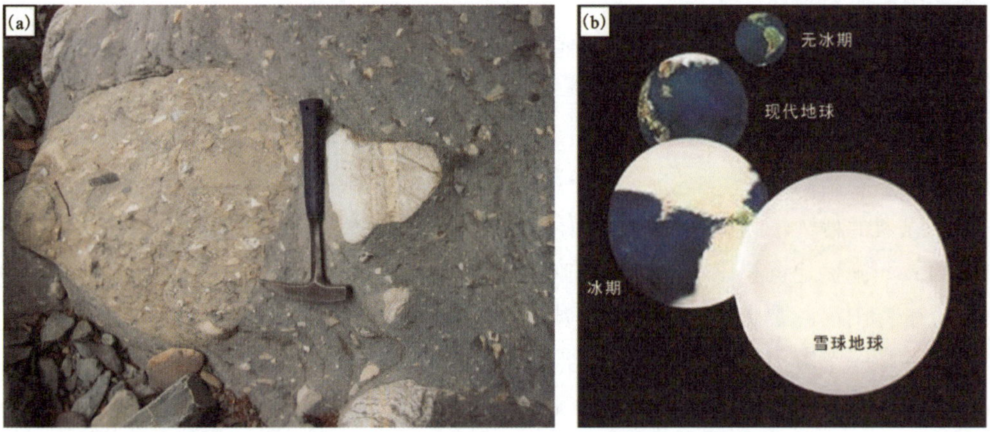

图 2-3　神农架大九湖镇坪阡村附近南沱组杂砾岩(a)与不同气候条件下的地球模型示意图(b)(胡军供图)

外学者对神农架地区“宋洛生物群”产出的黑色页岩层开展了系统的地球化学研究(Song et al.,2023),结果显示当时海洋中存在完整的有氧氮生物地球化学循环过程,表层海水为有氧环境。依据这些古生物化石和地球化学证据,我国科学家对此前的“雪球地球”模型进行修订,提出了一个中低纬度地区同时存在开阔海水环境的“新雪球地球”模型。

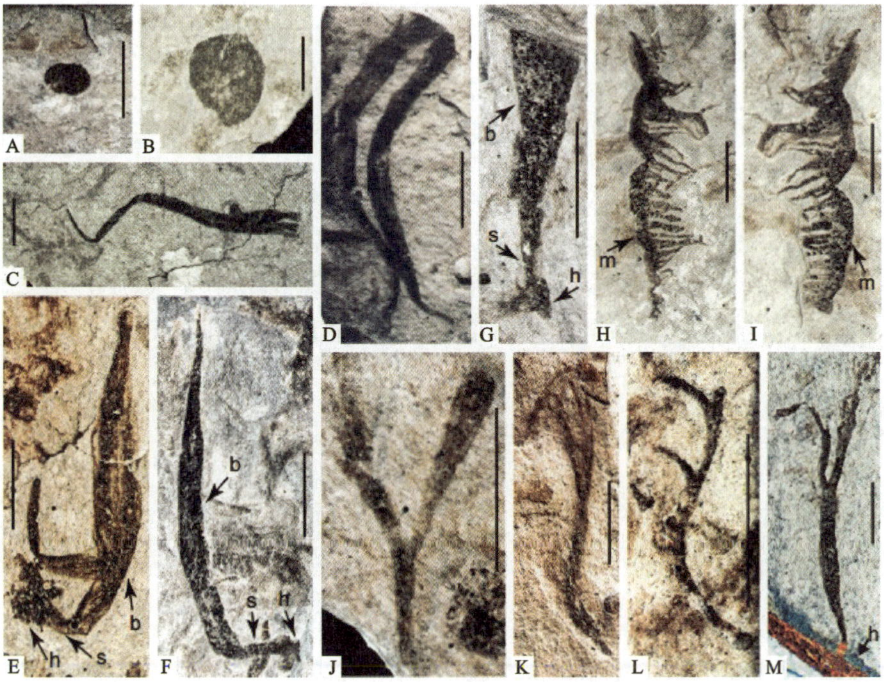

h. 固着器;s. 叶柄;b. 叶状体;m. 主枝.

图 2-4　神农架地区南沱组黑色页岩夹层中的宏体藻类化石(引自 Ye et al.,2015)

A-B. Chuaria sp;C-D. Vendotaenia;E-F. 具分异特征的带状化石;G. Baculiphyca sp;H-I. 与 Parallelphyton 相似的化石类型;J. Konglingiphyton erecta;K. Enteromorphites siniansis;L. 与 Wenghuiphyton 相似的侧分枝化石;M. Enteromorphites sp

注:线条比例尺长度均为 3 mm。

3)陡山沱组盖帽白云岩

约 635 Ma 前,本区的陡山沱组盖帽白云岩直接覆盖于南沱组冰碛岩之上,出露完好,沉积连续,是全球发育最好的盖帽白云岩之一。盖帽白云岩具有独特的沉积构造及显著的碳同位素值负偏等地球化学特征,标志着新元古代“雪球地球”事件的结束。

4)第四系湖沼沉积

由于强烈的侵蚀下切作用,神农架第四系一般规模小、厚度小且沉积不连续。但板桥断裂带上的大九湖盆地沉积了一套较厚的晚更新世湖沼相沉积,是本区更新统—全新统的典型代表。位于青阳河断裂带上的松柏河谷洼地也有较厚的第四系。

大九湖是一个群山环抱的封闭的岩溶盆地,整体呈三角形,周边山体主要由白云岩、白云质灰岩等碳酸盐岩组成。盆地内侧山前发育坡度较缓的洪积台地,海拔为 1740～1760 m,上部为黄褐色亚黏土,下部为棕黄色亚黏土,并含有潜育化灰白绿色条带,厚度达 5 m 以上。台地以下是晚更新世形成的 T2 阶地,阶坡高 4 m 左右,堆积黄褐色亚黏土;阶地前缘的剖面可见扁平砾石的叠瓦状排列(图 2-5)。由于流水的侵蚀切割,该级阶地仅在九灯河北侧局部残存。全新世初期形成的 T1 阶地,阶面从山前向河道延伸,过去曾作为田地。这两级阶地的存在,表明晚更新世以来至少存在两期新构造快速抬升运动,这在高山深谷、少有沉积物保存的神农架地区难能可贵。

图 2-5　九灯河中游的河流阶地(镜头方向为北西,2020 年 8 月拍摄)

阶地以下是沿河两侧发育的低河漫滩,高出河面 0.5～1 m,堆积冲洪积成因的亚砂土—亚黏土,含砾石透镜体和槽状层理,厚 1～3 m。黑水河与九灯河之间的河间洼地,属于盆地内部的沉积中心,泥炭沼泽就发育这一地貌部位上(何报寅,2007)。

大九湖盆地的泥炭层厚度大多在 2 m 左右,局部能达到 3 m。现生泥炭层开始发育于末次冰盛期结束后(Huang et al.,2018),从早全新世进入了快速发育阶段。在更深的湖相沉积下还能发现泥炭层或碳质黏土层(朱芸,2009),部分层位的总有机碳含量接近 20%～30%(杨洋，2023）。以 2005 年 5 月份采集的 ZK-3 为例（图 2-6）：1～30 cm，灰黑色快速堆积层，含大量未完全腐烂的植物碎屑；30～100 cm，含碳质的黑色黏土层，植物碎屑含量达 30%；100～200 cm，黑色黏土层，向下颜色逐渐变黄，植物碎屑由少到多，达到 70%；200～255 cm，灰色植物碎屑堆积层；255～290 cm，灰绿色黏土层，含 30%植物碎屑；290～320 cm，灰绿色含砾石黏土层，可视为底砾层；含约 50%分选磨圆好、扁平状的砾石，具弱定向性，向南东倾斜。

图 2-6　大九湖泥炭 ZK-3 剖面（2005 年 5 月拍摄）

大九湖泥炭作为中纬度罕见的亚高山泥炭，记录了北亚热带喀斯特区沼泽形成、发育及气候与环境演变序列，对确立我国东部季风区气候突变事件和季风转型特征具有重要意义，并对制定有效的湿地增汇和温室气体减排的管理方式，打造湿地碳中和示范基地，服务于长江大保护等国家目标具有重大意义。

3. 地貌

神农架以山势高峻而闻名，最高峰神农顶为华中第一峰，海拔 3 106.2 m，比五岳之中最高的华山（2 160.5 m）还高出千余米。而五岳之所以有名，得益于与周边平原相对高差极大。如果我们身处江汉平原（平均海拔 27 m）西望，可以看到华中地区 6 座海拔 3000 m 以上的山峰均在此耸立；神农顶与大神农架、小神农架、金猴岭、杉木尖和大窝坑沿东西方向一字排开

(图 2-7),仿佛一道巨墙将长江与汉江分开,故神农架又被称为“华中屋脊”。以神农顶为中心,海拔 2000 m 以上的高脚岩、小界岭、大界岭、猴子石、大神农架、神农顶、雨帽尖、老君山、太阳坪等大致呈东西向展布,成为长江与汉江流域的分水岭。

图 2-7　神农顶及周边海拔超过 3000 m 的高峰(图片来源于 http://snjdzgy.com/gskk/view.aspx? id=654)

1)构造地貌

“华中屋脊”的形成与其所处的大地构造位置不无关系。整个区域由扬子板块、秦岭-大别造山带碰撞拼合而成,构造运动频繁;2.5 亿~6500 万年是神农架地区构造格架定型的主要时期。这期间发生的“燕山运动”,南北向挤压导致持续的陆内造山运动,地层发生了大规模的褶皱和断裂,形成了以神农顶基底褶皱为中心的断穹构造,周边盖层也强烈变形。

由于新近纪以来的新构造间歇式抬升,神农架至少发育了 3 级的夷平面(Li et al., 2001)。最高一级为神农顶期(海拔为 2800~3100 m),见于大、小神农架、猴子石和老君山一带。八王寨期(海拔为 2500~2700 m)见于八王寨、马家山、四方台、大草坪、北风坪等地。鄂西期(海拔为 2000~2300 m)分布在神农架以北送郎山—大岩屋一线,与长江以南的鄂西夷平面属于同期。至晚新生代主峰断块再次快速抬升,并在深大断裂作用下形成了一系列的断崖,最典型的是九冲大断崖和燕子垭断崖,成为名副其实的“华中屋脊”。

2)流水地貌

神农架地势高耸加上降水丰富,发育了强烈下切的“V”形谷,形成了以侵蚀为主的流水地貌。较为典型的有阴峪河大峡谷、神农谷、金猴飞瀑、水帘瀑、红坪画廊等高山峡谷。但在一些特殊区域也能形成堆积地貌,如大九湖的九灯河蜿蜒于盆地内,堆积了大量的冲积物。

3)岩溶地貌

由于区内广泛出露可溶性碳酸盐岩,如神农架群巨厚层的白云岩和奥陶纪灰岩等,很容易形成溶沟、石芽、天生桥、岩溶漏斗和洼地、溶洞、暗河等一系列地质遗迹。其中,神农谷石林、板壁岩石芽-石林群、大九湖岩溶盆地、南天门石林尤为典型。

4. 地质演化史

神农架经历了复杂的地质演化历史,大致分为基底演化时期、中新元古代盖层形成时期,以及显生宙构造格架定型时期。

神农架地区的基底尚不明确,极有可能是崆岭杂岩。因为在神农架东南部相邻的峡东地区的崆岭杂岩,是扬子克拉通唯一的古老陆核,由 TTG 岩系[Trondhjemite(奥长花岗岩)、Tonalite(英云闪长岩)、Granodiorite(花岗闪长岩)]和表壳岩系组成,时代为太古宙—古元古代(>2.0 Ga)。目前,神农架群与这套古老陆核杂岩及其新元古代地层的接触关系尚不清楚。

神农架群是本研究区最古老的沉积盖层，主要形成于14亿～11亿a，这一时期神农架所在区域是一片汪洋大海。由于神农架群发育大量的叠层石，推测大部分时期处于平均低潮线之上。该时期神农架群的古地理位置尚不明确，在中元古代晚期可能与扬子陆核区分别属于两个独立的微陆块。神农架微陆块可能处于扬子古陆的西缘，与澳大利亚板块相距不远，在新元古代才与扬子古陆的主体逐渐拼合（Qiu et al.，2015）。最近，通过对神农架群乱石沟组紫红色的碳酸盐岩进行古地磁研究，发现神农架群当时可能位于中低纬度，大致为18.5°S，74.4°E（Liu et al.，2024）。

随后，至今10亿～8亿a期间，大规模的构造运动使神农架地区脱离海洋环境，逐渐上升成为陆地，遭受持续的风化侵蚀过程，没有沉积记录。但是到8亿a之后，神农架地区海侵开始，并经历了全球性的著名的“雪球地球”时期。这一时期地球表层冰盖迅速扩张至低纬度赤道地区，形成了全球冰封的局面，并持续了数千万年之久，在神农架群的周缘沉积了大量的古城组和南沱组冰碛砾岩。其中南沱组中还保存有非常复杂的宏体藻类化石（Ye et al.，2015），表明这一时期并不是全球冰封，像神农架这样的中低纬度地区同时存在有氧的开阔海水环境，为需氧底栖宏体藻类提供了宜居环境（Song et al.，2023）。

2.5亿～6500万a期间，是神农架地区构造格架定型的主要时期。在经历了燕山运动之后，地层发生了大规模的褶皱和断裂，形成了以神农顶为中心的、形状如倒扣铁锅一样的断穹构造。从此，神农架就成了华中地区海拔最高的山地。第四纪以来，新构造运动使神农架持续抬升，加剧了风化剥蚀和水流侵蚀等外动力地质作用，形成了落差较大的“V”形河谷，不同高程的水平溶洞、地下暗河、落水孔等岩溶地貌发育。这就是当今神农谷、板壁岩、燕子洞、天生桥、大九湖等众多地质景点的形成原因（详见第四章第二节）。

第二节 地理概况

1. 神农架

神农架处在中国东部季风区，夏季暖湿，冬季干冷。年平均降水量为1200～2000 mm。区内海拔差异明显，不同地点温度和降水变化较大（表2-1）。

表2-1 神农架地区温度和降水观测数据（据何报寅，2007）

观测站	海拔高度/m	年均温/℃	7月均温/℃	1月均温/℃	年降水量/mm
阳日湾	420	14.5	26.0	2.4	1300
松柏镇	900	12.0	23.0	0.0	1400
大九湖	1700	7.2	17.2	−2.4	1560

高耸的山势和暖湿的气候使得神农架河溪发育（图2-8），成为湖北省内长江与汉江的分水岭。区内主要的河流有香溪、神农溪、南河和堵河。香溪和神农溪分别在兴山、秭归汇入长江，而南河和堵河分别在保康、竹山汇入汉江。

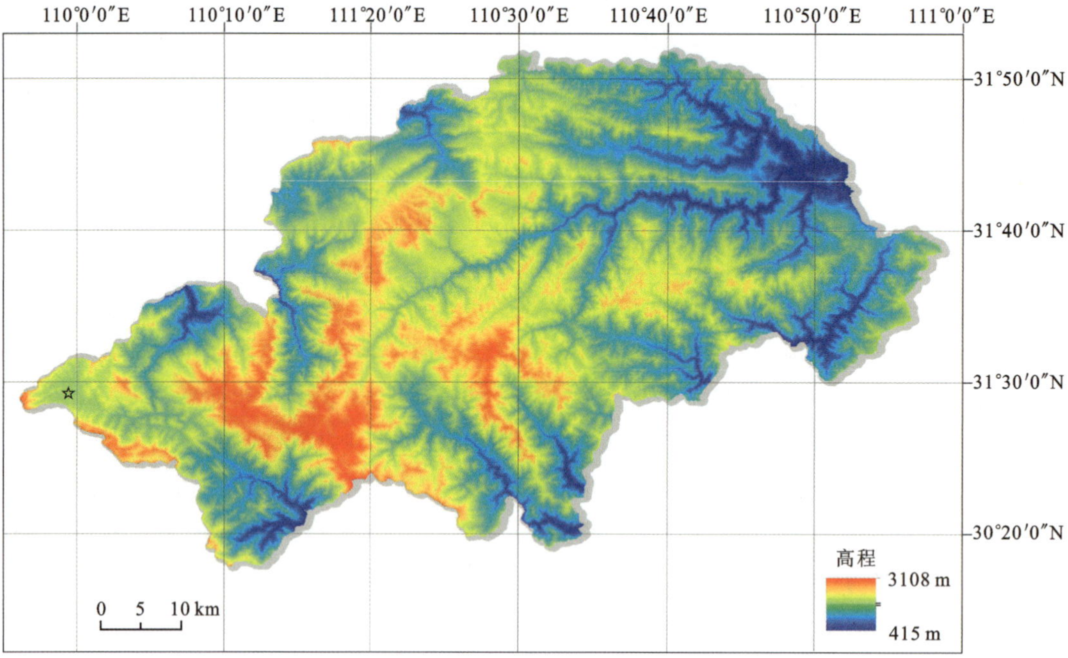

图 2-8 神农架林区主要水系(图中五角星指示大九湖的位置)

暖湿的气候使得神农架成为中国南方和北方交接处植物和动物的天堂。神农架被誉为"东方植物园"和"生物物种自然基因库",保存有不少世界上珍稀的植物和动物,如珙桐、白熊和白蛇。1982 年湖北省人民政府批准建立神农架自然保护区。1986 年国务院批准成立神农架国家森林和野生动物自然保护区。1990 年,联合国科教文组织将神农架纳入"人与生物圈保护区网络"。1992 年,神农架被联合国开发计划署列为"生物多样性自然保护示范区"。2013 年,神农架被认证为"世界地质公园"。2016 年,神农架被列入"世界遗产名录",成为湖北省第 1 处、中国第 11 处世界自然遗产。神农架成为了中国首个获得联合国教科文组织人与生物圈自然保护区、世界地质公园、世界遗产三大保护制度共同录入的"三冠王"。

神农架国家公园(候选区)的动植物资源极为丰富,在全球 193 个生物地理省中,代表了中纬度地区最具典型意义的、保存完好的生态系统。截至 2014 年,公园内高等植物 3239 种,脊椎动物 493 种,其中哺乳类 75 种,鸟类 308 种,爬行类 40 种,两栖类 23 种,鱼类 47 种。神农架国家公园(候选区)内共有维管束植物 3684 种 210 科 1186 属,其中,蕨类植物 27 科 75 属 309 种,种子植物 3375 种 183 科 1111 属,是中国种子植物特有属三大分布中心之一。落叶木本植物 838 种 77 科 245 属,是世界上落叶木本植物最丰富的地区。中国特有属 54 属,神农架特有属 1 属(征镒麻属),神农架特有种 33 种。国家重点保护野生植物 25 种,其中Ⅰ级保护植物 5 种,即银杏、珙桐、光叶珙桐、红豆杉、南方红豆杉;Ⅱ级保护植物 20 种。神农架川金丝猴(图 2-9)是川金丝猴分布范围最东端的孤立种群,是湖北亚种目前唯一的现存分布地,是神农架生态系统生态演替与物质循环过程中不可或缺的物种,发挥着调控群落结构的关键作用。

由于巨大的海拔差异，气候具有明显的垂直梯度变化(表2-2)，因此神农架植被垂直带谱呈现出随海拔升高优势树种种类和数量逐渐更替的生态学过程。南坡为中亚热带北缘，1000 m海拔以下发育常绿阔叶林带；随海拔升高至1000～1700 m，形成了常绿落叶阔叶混交林带；随着海拔进一步升高至1700～2200 m，进入落叶阔叶林带；海拔升高到2200～2600 m的地段，进入针、阔叶混交林带。海拔2600 m以上的地段，形成了以巴山冷杉为优势的寒温带针叶林；海拔3000 m以上的地段形成了高山灌丛草甸植被带（图2-10；马明哲等，2017）。神农架北坡基带植被为常绿落叶阔叶混交林，缺少常绿阔叶林带。由于农业开垦等活动的干扰，神农架地区的常绿阔叶林带遭到了破坏，只有小片分布，优势种主要为青冈、曼青冈、小叶青冈、巴东栎等壳斗科的常绿树种，并有少量马尾松。

图2-9 神农架金丝猴
(2018年10月拍摄于大龙潭基地)

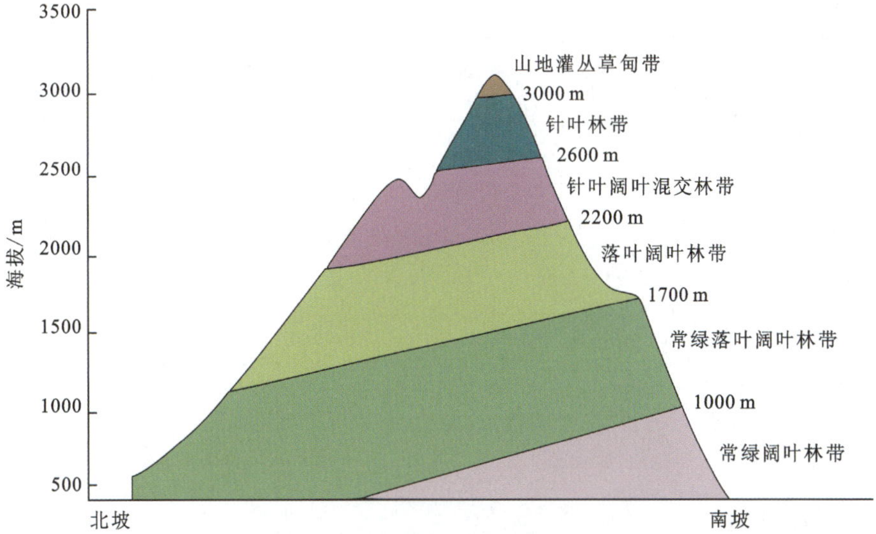

图2-10 神农架山地植被垂直带谱示意图(修改自马明哲等，2017)

神农架地跨中、北亚热带，为我国南部亚热带与北部温带的过渡地带，又是我国西部高原与东部低山丘陵的过渡区域，地理位置、气候条件优越，植物地理成分丰富多样，南北植物相当混杂(朱兆泉和宋朝枢，1999)。植物区系地理成分包括：①西南-大巴山成分，包括楠木、川桂、杜仲等；②西北-秦岭山脉成分，包括华山松、白皮松、秦岭冷杉、黄连木等；③华中区系成分，包括马尾松、穗花杉、鹅掌楸等；④神农架特征植物，包括湖北鼠李、湖北无尾果、华中山柳等。由于海拔差异，气候和植被具有明显的垂直梯度变化(详见第二章第二节地理概况)。海拔从低到高，主要的植被垂直带谱有常绿阔叶林带、常绿落叶阔叶林带、落叶阔叶林带、针叶阔叶混交林带、针叶林带和山地灌丛草甸带。

神农架林区的土壤类型主要包括山地黄棕壤、山地棕壤、山地暗棕壤、山地草甸土、山地灰化暗棕壤等。由于复杂的地质地貌，种类多的成土母质，加之陡峭的地形，致使坡积物来源复杂，碎石多，分选差。这些因素对土壤形成、土层厚度、土壤性状影响较大（李学垣等，1989）。在海拔上，神农架土壤呈现出了明显的自然垂直分带。山地黄棕壤主要分布在海拔600～1500 m的地段，山地棕壤主要分布在海拔1500～2200 m的地段，山地暗棕壤主要分布在海拔2200～2900 m的地段，山地棕色针叶林土只在海拔大于2900 m的山体上部出现，草甸土分布在海拔2300 m以上的山体顶部和林间缓坡空地（汪正祥等，2017）。

2. 大九湖

大九湖位于神农架林区西缘，属于封闭的亚高山盆地。盆地海拔在1700 m以上，面积大约16 km^2。本区多年平均降水量1560 mm，年均温7.2 ℃。盆地周边是海拔2200～2400 m的陡峭中山。最高峰八王寨海拔2624 m，位于大九湖和小九湖之间。大九湖盆地形成于寒武纪灰岩之上（图2-11），主要作用力有流水作用和岩溶作用。现生泥炭开始发育于末次冰消期，覆盖在青灰色的浅湖相沉积之上，泥炭层厚度可达3 m（图2-6、图2-12、图2-13）。钻探结果显示，大九湖盆地的湖沼相沉积厚度可达40 m，以湖相和沼泽相互层为主要特征，沉积历史超过20万a（郑秋凤等，2014）。

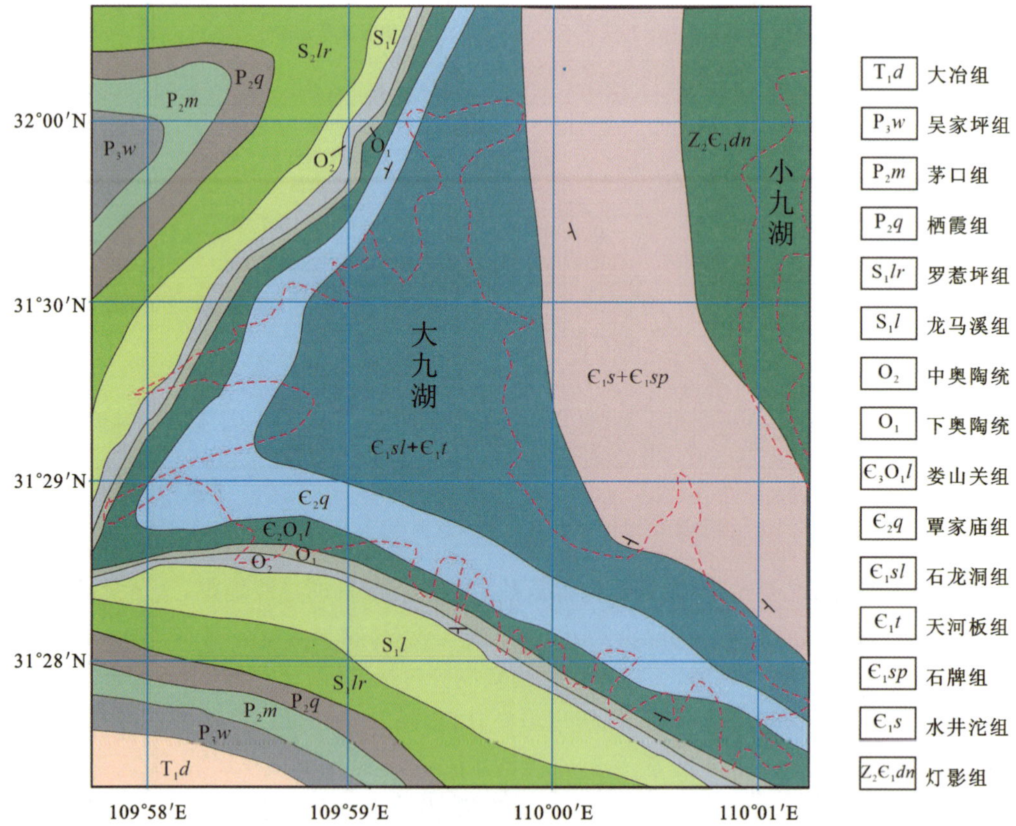

图2-11　大九湖盆地地层分布（顾延生供图）

注：图中红色虚线指示大九湖盆地、小九湖盆地的边界。

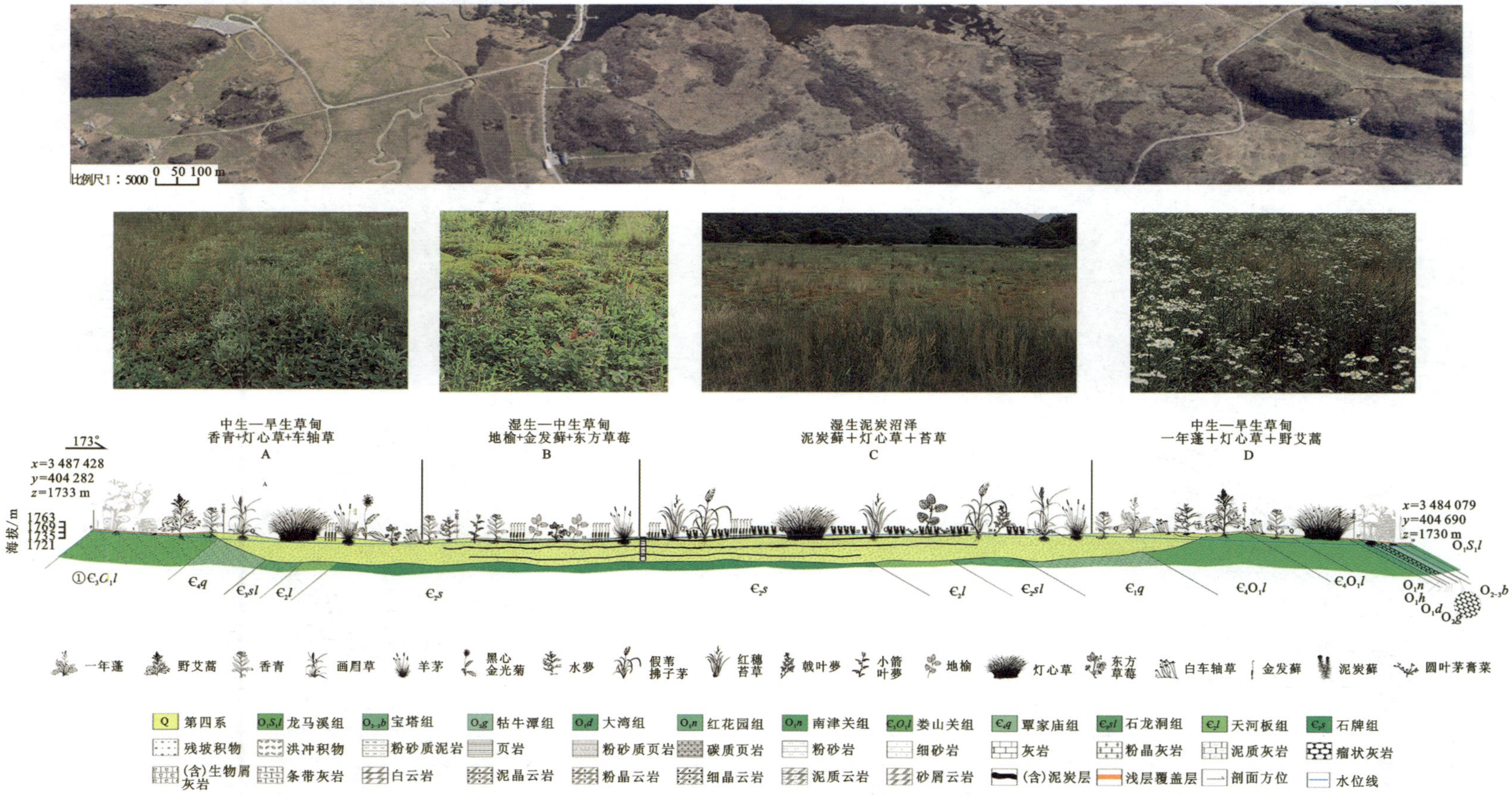

图2-12 大九湖湿地生态地质剖面图(修改自谭向前等，2023)

图 2-13　大九湖泥炭岩芯示例(2016 年 9 月采集)

大九湖盆地内部发育了一些河流,例如九灯河、黑水河(图 2-14)。大部分河流只在下雨后才形成明显的水流,唯有从巫山边境处流入娘娘坟的一条小河常年有流水。盆地内的这些河流,汇入盆地北部,从落水孔中汇入地下暗河(图 2-15),最终流入堵河,成为堵河的源头,赋予了大九湖保护国家重要水源地的使命(图 2-16)。值得注意的是,大九湖盆地的地表水体渗入了泥炭水之后,因水体中可溶有机质含量较高而颜色偏黑,但从地下暗河出来后,水体不再发黑(图 2-17)。

图 2-14　大九湖盆地九灯河河道
(拍摄于 2021 年 7 月)

图 2-15　大九湖北部最大的落水孔
(拍摄于 2020 年 8 月)

大九湖泥炭地主要的成炭植物包括泥炭藓(*Sphagnum palustre*)、地榆(*Sanguisorba officinali*)、红穗苔草(*Carex argyi*)、华刺子莞(*Rhynchospora chinensis*)、灯心草(*Juncus*

图 2-16　南水北调中线工程的重要水源涵养区介绍(拍摄于 2014 年 11 月)

图 2-17　大九湖暗河出水口(2014 年 11 月拍摄于竹山县柳林乡红坪村)

effuses)、紫羊茅(*Festuca rubra*)等(附录图版 1;彭丹等,2001;李静霞等,2007;罗涛等,2015)。在垂向上,泥炭藓主要分布在底层,草本植物分布在上层;泥炭藓常以丘状存在(图 2-18),草本植物生长在丘顶,一些丘顶还生长了食虫植物圆叶茅膏菜(*Drosera rotundifolia*;图 2-19)。参照《中国湿地植被》(中国湿地植被编辑委员会,1999)的分类方案,大九湖泥炭地的植被可分为灌丛沼泽型、草丛沼泽型、藓类沼泽型,再可细分为不同的群系,例如华刺子莞沼泽、红穗苔草沼泽、地榆沼泽等。在泥炭地周围,还分布着落叶阔叶林、草甸、水生植被等植被型。

图 2-18　大九湖泥炭藓丘(拍摄于 2018 年 7 月)

图 2-19　大九湖泥炭地圆叶茅膏菜(拍摄于 2023 年 7 月)

根据大九湖的历史记载和当地老乡的口述,大九湖在唐朝时曾经被作为薛刚反唐的屯兵营地,屯兵营地的番号也是现今大九湖内部“帅字号”等地名的由来。在明末清初时期,大九湖曾被用作贩盐的贸易通道,被当地人称为“盐大路”,也是连接川鄂的古盐道(图 2-20),至今在山中密林内仍然可见道路痕迹。

图 2-20　大界岭三叉路口的盐麻古镇雕塑(拍摄于 2016 年 8 月)

第三节 大九湖的研究与保护历史

1. 大九湖的重要性

近 20 年来，大九湖已经成为了国内地学界研究的热点地区，在国际上产生了重要的影响。大九湖湿地的重要性表现在生态属性和地质属性两个方面。首先，大九湖区域拥有典型且稀缺的亚高山泥炭地资源(图 2-21)。泥炭地是陆地中碳密度最高的生态系统之一，具有固碳、水源涵养、生物多样性保护等多方面的重要生态服务功能。在全球范围内，泥炭地主要分布在北半球高纬度和热带地区。因此，处于中纬度且面积较大的大九湖泥炭地就显得难能可贵了。更为重要的是，大九湖以泥炭藓为主要的建群种，这是北方泥炭地的典型物种。正因这种不可或缺的代表性，大九湖于 2006 年成为了华中地区首个国家湿地公园，并于 2013 年 10 月被国际湿地公约组织列入国际重要湿地名录。除了泥炭地，大九湖盆地中还分布湖泊、河流、沼泽化草甸等多种湿地类型，偏碱性的湖泊(pH 值约为 8)和酸性的沼泽(pH 值为4.5～6)共存，是开展不同湿地类型生物地球化学循环对比研究的理想场所。大九湖在区域水环境、水生态和气候等方面都具有十分鲜明的特色。作为丹江口水库最大入库河流——堵河的源头，大九湖盆地肩负着保护国家重要水源地的使命，具有重要的战略地位。同时，在大九湖盆地的湖沼相沉积达到了 40 m 厚，沉积历史横跨 20 万年，顶部的泥炭沉积可达 3 m，为长江中游地区晚更新世以来的古气候和古生态研究提供了宝贵的记录载体。

图 2-21　大九湖泥炭地景观

2. 调查与研究

大九湖的研究历史比较久远。早在 1910 年，英国植物猎人欧内斯特 · 亨利 · 威尔逊

(Ernest Henry Wilson)在湖北—四川植物考察路途中经过了大九湖。在《中国——园林之母》一书中，威尔逊写到“离开这可爱的山溪，攀爬了 900 英尺(1 英尺≈30.48 cm)陡峭的上坡路，来到了这宽广平坦的山谷，让我们大吃一惊。很明显，这里很久以前是一山间湖泊，现今边缘已开垦为农田，中央是沼泽。这整片地区称为九湖坪(Chu-ku-ping)或大九湖(Ta-chu-hu)，大九湖这个名称即与其从前是湖泊有关。据我所知，像这样一块平地，在这些地区是绝无仅有的。”威尔逊还拍摄了大九湖西南角的照片(印开蒲等，2021)，留下了珍贵的百年前的图片资料。

1941 年秋天，地貌学家楼桐茂先生通过步测的方式绘得了大九湖地形图(图 2-22)，详细记录了大九湖的地貌特征，特别是沼泽的分布、河流的流向。这为更好地认识早期人类活动对大九湖的影响提供了非常难得的原始资料。楼先生还描述了大九湖土壤的成因、居民的基本情况，探讨了大九湖景象荒凉的原因。这些也可以作为人文地理实习的重要素材。

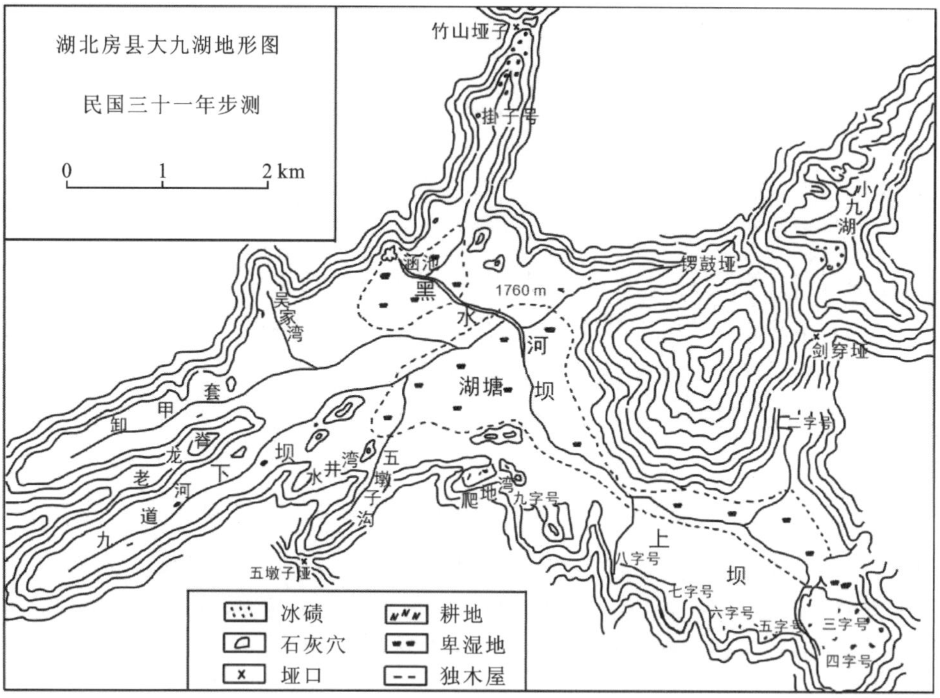

图 2-22　楼桐茂步测的大九湖地形图(修改自楼桐茂，1942)

1979 年东北师范大学高凤岐等赴大九湖开展了泥炭储碳量调查，估算的碳储量是 45.5 万 t。张则友在《东北师范大学学报自然科学版》1982 年第 1 期发表了《神农架沼泽的分布及其形成》的研究论文。此后不久，中国科学院地理科学与资源研究所李文漪研究员带队在人九湖钻取了 3 根位于 3～4 m 深度的泥炭岩芯，这可能是大九湖最早的古环境研究(周明明和李文漪，1993)。

在 2000 年前后，中国科学院测量与地球物理研究所蔡述明研究员团队、南京大学朱诚教授团队、中国地质大学(武汉)谢树成教授团队等先后在大九湖钻取泥炭岩芯并开展古气候与古生态研究。在这些团队中，中国地质大学(武汉)的研究人员(简称地大团队)综合考虑了古记录研究和现代过程调查，承担了3项国家自然科学基金重点项目。截至2023年底，地大团队共发表了近100篇与大九湖有关的研究论文，其中发表在*Nature Communications*、*Geology*、*Geochimica et Cosmochimica Acta*、*Quaternary Science Reviews*、*Geoderma*、*Journal of Hydrology*、*Science of the Total Environment*、*Chemical Geology*、*Organic Geochemistry*、*The Holocene*等国际SCI刊物论文近60篇。单个泥炭地能发表如此多的科研成果，这在国际上很少见。

3. 湿地保护

大九湖作为国际湿地名录中典型的亚高山湿地，具有非常重要的科学价值，但其生态脆弱性也是显而易见的。在2005年之前，大九湖遭受了严重的人为干扰和破坏（谭开甲等，2014）。早在20世纪60年代，为服务国家经济建设大局，大九湖成为华中地区重要的林木采伐区，这导致该地区的原始林木几乎被开发殆尽。1986—1992年期间，当地政府在大九湖开挖了深沟大渠，疏干湿地并大面积开垦人工草场，兴建了梅花鹿养殖场和细毛羊养殖场。在21世纪初，当地政府通过招商引资建起了万亩高山反季节蔬菜基地，进一步开挖了人工排水渠，开展了声势浩大的围湖造田。上述人类活动对大九湖产生了严重的破坏作用，导致沼泽面积锐减、泥炭资源干涸、湿地功能退化、野生动物被迫迁徙、部分珍稀植物消亡等。

在蔡述明研究员等的呼吁下，《关于保护、恢复和科学利用神农架大九湖湿地资源的提案》被列为2006年湖北省政协1号建议案，迅速推动了全国第四个、华中地区第一个国家湿地公园——神农架大九湖国家湿地公园的创建。该提案也直接促成了2007年5月湖北省委、省政府在神农架大九湖召开现场办公会，确立了“生态优先、科学修复、适度开发、合理利用”的建设方针，成立了大九湖湿地公园管理局，实施了大九湖湿地保护与恢复工程。

通过多年的努力，大九湖湿地保护取得了初步的成效。2010年湖北省政府正式批准大九湖区级自然保护区晋升为省级自然保护区，同年基本完成了湿地生态恢复（涉水）工程，完成了11条生态暗坝及2个人工湖建设，恢复了9个亚高山浅水湖泊，营造了雨季333.33余公顷（1公顷$=0.1\ km^2$）、枯水期200余公顷的水面（谭开甲等，2014）。2013年初湖北省委、省政府做出了大九湖生态移民的决策，于2016年初步完成了湿地核心区内92户437人的移民搬迁工作，收回了大量围湿垦荒的土地。遥感影像资料证实了大九湖湿地的恢复效果良好，与2005年（国家湿地公园建设之前）相比，2017年大九湖湿地类型和面积均呈现出增加趋势（胡苏李扬等，2021）。生态环境改善后的大九湖也成为了湖北旅游的一张名片，有“云间湿地”“湖北的呼伦贝尔”的美称，全国各地游客慕名而来。

4. 精神传承与时代担当

在大九湖，可供开展思政教育的素材很多，本节展示其中的3个典型案例。这些案例源于我们在大九湖的研究工作，充分地体现了科学探险精神和社会责任感，是培养地学专业本科生科学思维、实践能力和团队协作精神，提高其环保意识和社会责任感的理想材料。

大九湖承载了老一辈地学家艰苦奋斗的精神。在本章第二节大九湖研究历史的陈述中，已经提到了楼桐茂先生于1941年在大九湖开展调查研究。楼桐茂先生1942年发表于《地理》的《高山垦殖举例——大巴山上大九湖》论文是最早研究大九湖的论文，也是中国沼泽最早的观察报告之一。楼桐茂先生(1909—1986年)是我国老一辈知名的地理地貌学家，他积极进行艰苦细致的野外考察，经常跋山涉水，风餐露宿，足迹遍布祖国各地，成为当代学子的楷模。著名地理学家施雅风院士曾不吝夸奖，“综观楼先生一生，来自旧社会，经过曲折的道路，但楼先生出污泥而不染，品德高尚，自律极严，特别俭朴节约，早在19世纪七八十年代多次以大额款项捐助公益和教育事业。对同事和青年热心扶持与培养，在晚年更是以此为己任，不为名，不为利，谢绝在论文上署名。对子女要求也严格。他有很多研究成果，对地理学有重大贡献。”楼桐茂先生严谨的治学态度更是在大九湖的野外考察中体现无余。1941年秋天，在全国抗战极为艰苦的条件下，楼先生通过步测的方式绘得了大九湖地形图。将该图与现今通过遥感方式获得的图进行对比，大九湖的整体轮廓是非常相似的，由此不得不佩服楼先生的严谨认真。

大九湖湿地记录了现代地学家的家国情怀和责任担当。为了保护大九湖泥炭地，中国科学院测量与地球物理研究所蔡述明研究员带领团队通过实地考察、采样和数据分析等多种方法，深入研究了神农架大九湖湿地的生态系统结构、功能和演变过程，认定大九湖作为华中地区少有的亚高山泥炭藓沼泽湿地，其泥炭沉积物对于重现古气候历程及预测未来生态环境和气候变化趋势研究上有着不可替代的科学价值。如本章第二节所述，蔡述明先生牵头的提案促成了神农架大九湖国家湿地公园的创建，推动了大九湖湿地保护与恢复的进程。不仅如此，2008年蔡述明先生还组织成立了湖北省湿地保护基金会，为推动湖北省湿地资源保护和可持续利用，鼓励和支持全社会重视湿地资源保护作出了杰出贡献。

大九湖湿地是学术创新的基地和服务国家生态文明建设的示范基地。中国地质大学(武汉)谢树成院士团队作为国内最早开展大九湖系统研究的团队之一，克服重重困难，通过近20年的坚守，开展了地球关键带水、土、气、生等要素的系统监测(图2-23)，积攒了大量的第一手监测资料，初步建成了神农架大九湖湿地关键带野外科学观测研究站。通过团队协作，在长江中游地区全新世干湿古气候的演变模式、湿地水碳耦合关系等方面取得了创新性认识，获得了3项湖北省自然科学一等奖(分别为2015年、2022年、2023年)。地大团队通过组织院士考察团、“地学长江计划”科考团等活动，推动了大九湖湿地的科学研究，提升了长江中游湿地的国内外知名度。地大团队服务于区域的可持续发展，提出的湿地保护政策咨询报告被武汉市政府采纳，为武汉创建“国际湿地之都”提供重要科学支撑。地大团队在科学探索、团队协作、教书育人、社会服务等方面做出的努力，能够激发同学们对古气候与古生态、湿地生态学、关键带科学等学科方向的研究兴趣，培养学生的家国情怀，实现当代大学生服务国家需求的责任与担当。

图 2-23　大九湖野外照片示例

注：(a)于 2008 年 11 月 8 日拍摄；(b)于 2020 年 7 月 16 日拍摄；(c)于 2021 年 11 月 14 日拍摄，大雪；(d)于2024 年 7 月 11 日暑期拍摄，暴雨。

第三章　方法与技能

大九湖的实习内容覆盖了地球表层系统中的水、土、气、生、岩等多要素，需要掌握这些要素测量的野外基本方法和技能。限于篇幅，本章重点介绍大九湖野外站监测的常用方法与技能，对于野外地质工作基本方法与技能、野外地貌调查基本方法，请参考朱宗敏等(2019)、张兆干和王腊春(2011)所编的教材。

第一节　土壤观察与理化性质分析

1. 土壤剖面观察

土壤剖面是识别土壤特征、进行土壤分类最为重要的依据，也是进行野外土壤相关实习最为主要的内容之一。在土壤学研究中，一般需要对土壤剖面进行详细的观察与描述(张甘霖和李德成，2022)。通常将土壤剖面定义为从地表到母质层完整的垂直断面。对于矿质土壤(如森林土)来说，发育成熟的完整土壤剖面一般由有机质层(O 层)、腐殖质层(A 层)、淋溶层(E 层)、淀积层(B 层)和母质层(C 层)组成。对于泥炭土和沼泽土，土壤剖面主要由泥炭层(H 层)和潜育层(G 层)构成(图 3-1)。这些与地表近似平行，在土壤发生学上能够反映土壤淋溶、淀积、物质迁移和转化过程，并具有特殊性质的层位，均称为土壤发生层，如 O 层、B 层等。在野外土壤剖面观察中，土壤发生层的组合因土壤类型、土壤发育程度的差异而发生改变。土壤发生层的组成(或组合)被称为土体构型，如很多初育土的土体构型往往是 O-C 型，缺乏淋溶层和淀积层，泥炭土的土体构型为 H-G 型，与黄棕壤的 O-A-E-B-C 型完全不同。

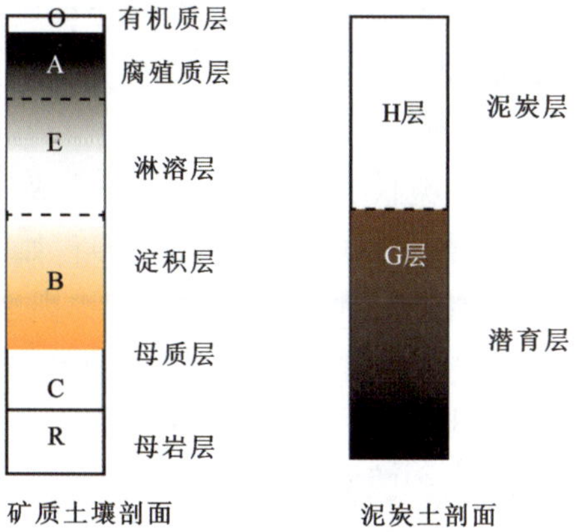

图 3-1　矿质土壤剖面和泥炭土剖面各发生层与土体构型

野外土壤剖面的观察必须首先选择区域中具有代表性的地点进行剖面的挖掘，避开人为影响较大的区域。林地中应选择植物疏密度均匀、林冠层郁闭度中等、具有代表性树种、离主要树种 1～2 m 的位置挖掘剖面，该位置应尽量平坦且无积水。剖面观察面向阳。在坡地上剖面方向应与坡向一致。土壤剖面的获取主要有 3 种方式：①从地表向下挖掘出一个深度为 1.5～2 m，宽度为 1 m 左右，至少能够容纳进 1 人的深坑，该深坑深度应直至土壤剖面的母质、母岩层或地下水层。挖掘完后需要对观察剖面用小铲子进行修整，使得土壤的自然结构面显现出来。该方法费时费力，在无法找到陡坎进行挖掘时可以采用。②在具有完整土壤剖面发育的陡坎旁从陡坎向内挖掘出新鲜的土壤剖面。该方法较为省时省力，工作量相对较小，也便于从侧面清晰地观察到整个土壤剖面的全貌；③采用汽油钻或者手钻钻取土柱直至母质或基岩，取出土柱后进行观察和描述。

土壤剖面观察实习中首先要对土壤剖面所在位置的地理坐标、海拔、气候条件、地貌特征、植被组成、土地利用类型进行观察和描述。待寻找到合适地点对土壤剖面进行挖掘后，对土壤剖面的发生层进行分层，描述各发生层的颜色、结构、质地、发生层的组合特征（即土体构型），并划分土壤类型。例如，在山地黄棕壤的观察中，首先需要在剖面上将有机质层、腐殖质层、淋溶层、淀积层和母质层等各发生层进行划分，依次描述各发生层野外能够观察到的土壤性质，包括颜色、结构和质地等，并判断土壤的分类类型。

对于成土母质，需要鉴定和识别母质的类型。成土母质一般包括残积母质和运积母质两大类。根据搬运母质的外动力地质作用类型，运积母质包括风积母质、坡积母质、冲积母质、湖积母质、洪积母质等。在神农架地区，残积母质、坡积母质、冲积母质、湖积母质是成土母质的主要类型。辨别各类型母质的特征和依据如下。

（1）残积母质：岩石等风化形成的矿物残留在原地未经搬运，一般位于平坦无坡度的位置，在山地的山顶多见。残积物无明显的磨圆，呈现下粗上细的特征。

（2）坡积母质：由重力垮塌作用形成的成土母质，无分选性，一般位于坡的中下部。

（3）冲积母质：由河流的冲刷作用携带的泥沙堆积形成的成土母质，含有大量砂石，质地较轻，砾石的分选性磨圆度相对较好，主要分布在古河道和河流的两岸。

（4）湖积母质：由湖泊沉积物在湖水退去后形成的成土母质，质地较为黏重，无明显的砾石。在缺氧条件下形成的湖积母质呈现特征性的青灰色。

在综合土壤剖面各发生层的特征、土体构型、土壤发生发育的气候环境条件后，需对土壤进行命名。目前国内使用的土壤分类系统有两套：土壤分类系统（1992 年）和土壤系统分类（1998 年）。使用土壤分类系统命名时，一般命名到亚类即可，如白浆化黑土，在土类前加上表明其特征的修饰名词，即得到了土壤亚类的名称。在使用中国土壤系统分类命名时，名称以 14 个土纲为基础，在前面添加反映亚纲、土类和亚类性状的术语，就构成了亚纲、土类和亚类的名称。土壤性状术语尽量简化，限制为 2 个汉字，土纲名称一般为 3 个汉字，亚纲为 5 个，土类为 7 个，亚类为 9 个汉字，例如黏化钙积正常干旱土。在土壤学野外实习中，应根据实际情况和观察到的土壤性质将土壤定名到相应的分类单元。

2. 理化性质分析

1)土壤颜色

在野外进行土壤观察时最先观察到的就是土壤的颜色。土壤颜色也是判断土壤性质及成土过程最为重要的特征之一,能够较好地反映土壤的矿物和有机质组成状况。一般来说,土壤黑色代表土壤腐殖质含量高。土壤呈现白色则与土壤中石英、高岭石、碳酸盐、长石、石膏和可溶性盐有关。土壤呈现红色主要是由较高的赤铁矿或水化赤铁矿造成的,而土壤呈现黄色则主要与水化氧化铁(针铁矿)有关。土壤呈现棕色主要与土壤中伊利石、云母类矿物质和不同水化程度的氧化铁的混合有关。土壤呈现紫色主要是由游离氧化锰造成的。在缺氧条件下,含大量的亚铁氧化物时土壤会呈现绿色或蓝色。

土壤颜色的识别通过蒙赛尔(Munsell,简称为蒙氏)土壤比色卡或中国标准土壤比色卡进行确定(图 3-2)。蒙氏比色卡中土壤颜色系统包含色调(hue,指物体所呈现的颜色,即占优势的光谱色)、色值(value,也称作明度,指土壤颜色的相对亮度)、彩度(chroma,指光谱色的相对纯度或强度)3 个基本参数。蒙氏比色卡共有 10 个基本色调,包括 5 个主色调[即 R(红)、Y(黄)、G(绿)、B(蓝)、P(紫)]和 5 个辅色调[即 YR(黄红)、GY(绿黄)、BG(蓝绿)、PB(紫蓝)、RP(红紫)]。每种色调可分为 4 级,分别表示为 2.5、5、7.5 和 10。亮度分为 1～10 共 10 级,0 为绝对黑色,而 10 为绝对白色。彩度也分为 10 级,用/1、/2、/3、/4、/5、/6 等表示,彩度愈高,颜色愈浓艳。最终颜色的表示方式为色调＋亮度/彩度,如淡棕色表示为 7.5YR5/6。在蒙氏比色卡中不同卡片页的色调不同,每页中横坐标表示彩度,纵坐标表示亮度。

在利用蒙氏色卡进行土壤颜色辨别时,有以下的注意事项。

(1)将土壤捏碎后放置在滤纸或蒙氏色卡颜色测定盘(白色圆孔)上,将土样和色片尽量靠近,这对于描述土壤颜色非常重要。

(2)在野外确定土壤颜色时,应尽量避免阳光直射和暴晒等光线过强等状况。

(3)同一土壤湿色和干色也会存在差别,如有必要,需分别确定湿土和干土的颜色。

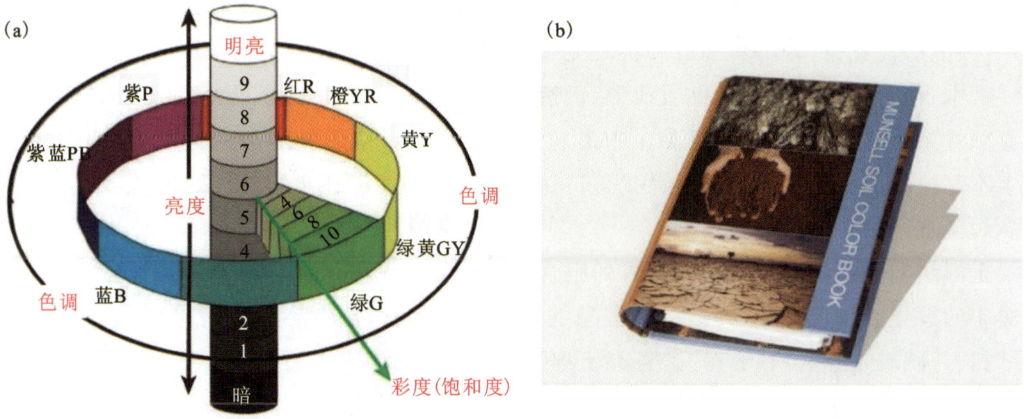

图 3-2　蒙氏颜色系统(a)和蒙氏比色卡(b)

2)土壤温度

土壤温度是影响土壤有机质降解和土壤发育过程的重要参数。温度高的区域由于降解作用强烈,往往有机质难以大量保存。温度高还能够促进土壤矿物的物理风化、化学风化作用,加快土壤物质的转化过程。

野外实习中温度的测定使用土壤温度计进行。该温度计一般具有一个很长的金属探头,可以插入坚硬的土壤中对土壤温度进行实时检测。对土壤剖面和不同海拔发育的土壤进行观察时,需要对不同深度、不同海拔的土壤进行温度的测试,一般结果精确到 0.1 ℃。

如果需要对土壤剖面不同深度或者不同海拔的土壤温度进行长期监测,可以布设一些防水的温度计,如 Hobo 防水温度计。将防水温度计预埋进土壤中,通过设置采集数据的间隔时间,可以获得不同季节甚至多年的连续土壤温度记录,进而分析土壤温度的季节性变化规律。

3)土壤质地

土壤是由大小不一的颗粒按不同的比例组合而成的,不同粒级的颗粒混合在一起表现出的土壤粗细状况,称为土壤机械组成或土壤质地(soil texture)。砂含量较多的土壤质地较轻,而黏粒含量较多的土壤质地较重。土壤质地是决定土壤理化性质的重要属性,也是土壤分类的依据之一。土壤质地分类是以土壤中各粒级含量的百分比作为标准,一般划分为砂土、壤土、黏土 3 类。

在室内可以通过比重计法、吸管法、激光粒度仪法测定土壤的机械组成,进而确定土壤的质地。在野外实习中,土壤质地一般采用湿土揉搓法进行判定。取一定量的土壤置于手掌心,加入适量的水使得土壤具有一定的黏性,调匀后用手将土样搓成泥团,再将泥团揉搓成 1 cm左右的细长条。将细长条圈成环状。根据细长条的以下特征确定土壤的质地。

(1)如果只能形成珠状,断断续续,而无法形成条状,该土壤为砂土。

(2)能够形成完整的短条,该土壤为砂壤土。

(3)能够搓成条,但易发生断裂,该土壤为轻壤土。

(4)能够搓成条,但若将其圈成环状时容易发生断裂,该土壤为中壤土。

(5)能够搓成条,若将其圈成环状时仅仅出现裂痕,不断裂,该土壤为重壤土。

(6)能够搓成条,若将其圈成环状时无裂痕,该土壤为黏土。

其中,在砂土至砂壤土几种质地中,仍然能够观察到砂砾的存在,湿润的土壤在手上可以明显感觉到粗糙感,而轻壤土至黏土中砂粒几乎不可见。使用揉搓法进行土壤质地确定时,加水不宜过量而使得土壤成为稀泥状态,只要湿润土壤,能够让土壤搓成圆球即可。

4)土壤结构

土壤结构是指土壤中团聚体的排列组合形式。将土壤中的单个矿物颗粒看成单粒,其在土壤中的聚集状态,即为土壤结构。常见的土壤结构包括粒状结构、团粒结构、块状结构、柱状结构、片状结构和大块状结构。各类土壤结构的辨识标志和特征如下。

(1)粒状结构多见于石英等原生矿物较多的土壤,土粒之间基本没有聚集,如风沙土。

(2)团粒结构中土壤颗粒的直径主要分布在 0.5～5 mm 之间,在土壤剖面中,多出现在土壤剖面的表层,如腐殖质层(A)。

(3)块状结构中土壤颗粒团聚体的直径主要分布在 0.5～2 cm 之间，往往出现在壤土的心土层，一般对应于淋溶层的下部和淀积层。

(4)柱状结构为土壤团聚体朝着纵轴伸展形成，从外观上可以看出自下而上的裂纹将土壤分成一个个土柱。该结构多出现在底土层(对应于母质层)和碱土的心土层。

(5)片状结构为土壤团聚体朝水平方向延伸，呈现片状和层状的分布。该结构多出现在干旱区土壤的次表层、耕作土的犁底层和受冻融影响土壤的底土层(母质层)。

(6)大块状结构为土壤团聚体朝三轴方向延伸，直径大于 2 cm。该结构多出现在干旱—半湿润区具有碳酸钙的淀积层和母质层、亚热带具有明显黏粒聚集的土壤剖面的淀积层。

5)土壤容重

土壤容重为土壤自然状态下的密度(g/cm^3)。由于土壤孔隙和有机质的存在，土壤容重一般要比土壤中砂粒等矿物的密度低很多。土壤容重一般采用环刀法进行测试。环刀法只适用于砂粒含量较少，质地相对较为黏重的矿质土壤容重的测定，而不适用于砂土或其他易碎的土壤类型。

环刀法测容重时，先用已知容积的环刀切割具有代表性的土壤样品。将环刀内壁涂上润滑剂凡士林，并将其刃口朝下，利用锤子将环刀打入土壤中使其完全没入土壤。使用削土刀切开环刀周围土样，并取出环刀，同时削掉环刀上下凸出的土壤。将环刀擦拭干净后，使用盖子防止水分蒸发。

环刀中的土壤带回实验室后，将土壤取出放置到锡箔纸上，用烘箱在 105 ℃温度下烘 4 h 直至土壤恒重。使用电子秤称量土壤的干重。环刀容积可以通过测定环刀圆柱体底面圆直径和圆柱体高，以计算圆柱体体积的计算方式获得。

土壤容重按以下公式进行计算

$$\rho_B = m/V$$

式中：ρ_B 为土壤容重(g/cm^3)；m 为土壤干重(g)；V 为环刀容积(cm^3)。

土壤容重可以间接反映土壤的另一个性质——松紧度。容重越大时，孔隙越少，土壤越趋于紧实(表 3-1)。

表 3-1　土壤松紧度与容重的对应关系

松紧度	容重/(g·cm^{-3})
最松	<1.0
松	1.0～1.14
合适	1.14～1.26
稍紧	1.26～1.30
紧	>1.30

6)土壤水分含量的测定

土壤水分是土壤重要的物质组成，是表征土壤肥力的主要参数之一。土壤含水量或湿度能够影响植物生长，是决定土壤发育过程的重要因子。

在野外实习中，常用的土壤水分测试的仪器为时域反射仪（time domain reflection，TDR）。该仪器通过发射脉冲信号，测量发射端和接收端脉冲信号传播所经历的时间。该时间与土壤中含水量有密切关系，通过转换可以获得土壤中含水量值，该含水量为体积含水量（%）。需要注意的是，由于其原理上的限制，土壤孔隙度、有机质含量和土壤质地均会对TDR所测试的信号产生影响，如土壤孔隙度较大时，TDR得出土壤含水量结果会偏小，其本质不是由于水缺乏导致的，而是由于孔隙过多造成的。此外，不能将不同质地的土壤进行土壤含水量的比较。

室内土壤含水量的测试也较为简便。将土壤样品包裹带回实验室后，称量获得土壤的湿重M_1，在烘箱中105 ℃烘4 h以上直至土壤恒重，再次称量获得土壤的干重M_2。土壤的质量含水量（SWC）即可通过以下公式计算获得

$$\mathrm{SWC}=(M_1-M_2)\times100\%/M_2$$

7）土壤pH的测定

土壤pH是衡量土壤中氢离子含量的参数值，是土壤化学性质最重要的参数之一。土壤pH能够影响土壤微生物组成、土壤的肥力大小等。土壤pH受成土过程、气候环境条件、母质等因素影响。干旱和半干旱地区的土壤由于碳酸钙水解，或者苏打、小苏打的水解，多呈碱性；而湿润地区土壤由于淋溶作用强，钙、钠、钾、镁等盐基离子被淋失，富集在胶体表面的Al^{3+}或$Al(OH)_2^+$水解后释放大量H^+，使得土壤呈现酸性。酸性越强的土壤，内部的盐基离子越少，土壤养分越趋于贫乏。对于以有机质为主的泥炭土来说，由于其内部的酸性主要来自泥炭藓等植物腐殖化过程中释放的酸性物质。一般较为干旱的区域或季节，泥炭土有机质降解作用更加强烈，泥炭土更酸，而在湿润区域或季节，泥炭土的pH相对更高。

野外测试土壤pH可以采用专用的便携式土壤pH计进行测试。首先，需将pH计用标准液进行校准。然后将pH计探头插入土壤中以后，读取pH计上的读数。一般每个地点测试3次，取其平均值作为该点的pH值。需要注意的是，由于土壤孔隙及水分含量等原因的影响，直插式pH计测试得到的土壤pH值往往不够准确，不能较好地反映土壤溶液的真实pH状况。土壤pH实际是土壤溶液的pH值，如果土壤孔隙较多，或土壤水分较少，pH计探头较难以直接接触土壤溶液，测试得到的pH值与真实值存在偏差。

土壤pH的准确值一般需在实验室内进行测试。土壤中氢离子包括土壤溶液中的氢离子和土壤胶体表面吸附的氢离子。通常测试获得的pH都是土壤溶液表现出来的，这部分氢离子叫作活性酸。胶体表面吸附的氢离子叫作潜性酸。

土壤活性酸pH的测定：野外将样品取回后在烘箱中105 ℃烘干后，用研钵研成粉末，并过筛。研磨好的土壤粉末样品用天平称取10 g，并加入蒸馏水25 mL，使得土∶水（质量∶体积）=1∶2.5 g/mL。用玻璃棒充分搅拌混合液，使得土壤粉末与水充分混合。静置30min或者用离心机离心使得固液分离。用pH计测定上清液的pH值。待数字稳定读取pH值，每个样品共测试3次，最终pH取3次的平均值。

潜性酸pH的测定：将研磨好的土壤粉末样品用天平称取10 g，之后加入1 mol/L的KCl溶液25 mL，使得土∶水（质量∶体积）=1∶2.5 g/mL。用玻璃棒充分搅拌混合液，使得土壤粉末与水充分混合。静置5～10min，用pH计测定上清液的pH值。待数字稳定读取pH值，每个样品共测试3次，最终的pH取3次的平均值。

第二节　沼泽水位监测与水化学分析

1. 沼泽水位监测

大九湖湿地的多个监测点安装了电容式水位计(新西兰 Odyssey 公司产品),用于在线监测湿地水位的连续变化(图 3-3)。Odyssey 电容式水位计是一种广泛应用于地下水和地表水等水位监测的仪器,记录间隔可以设置在 20s 至 8h 之间,分辨率可达 0.8 mm,量程为 0.5～5.0 m,内置两节 3.6 V 锂电池,最多可存储 32 000 个数据。

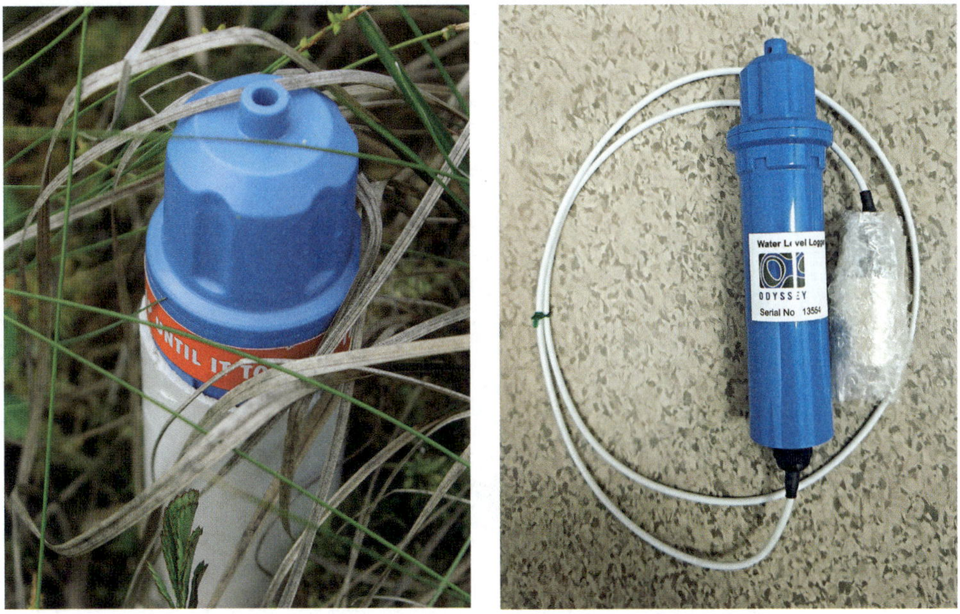

图 3-3　Odyssey 电容式水位计

电容式水位计由两个圆柱形电极组成,中间由不导电的聚四氟乙烯(特氟龙)材料连接(图 3-4),连接线长度可以根据实际情况选择 0.5 m、1.0 m、2.0 m、3.0 m 和 5.0 m 等不同的量程。连接材料的性质决定了电容式水位计的稳定性和监测质量。聚四氟乙烯的性质不会受到长期淹水的影响,具有良好的长期稳定性。

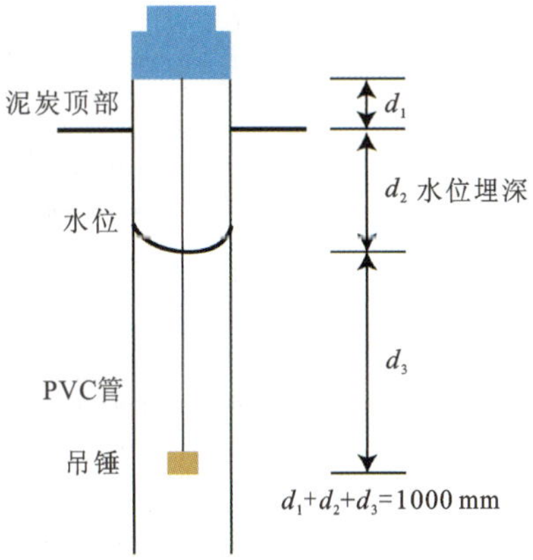

图 3-4　Odyssey 电容式水位计工作原理示意图

电容式水位计的工作原理是电容量与电极间的距离成反比。距离越近,电容越大;距离越远,电容越小。水位的变化可以改变两个电极之间的距离,当水位上升时,电容增加;而水位下降时,电容减小。因此水位波动可以导致电容变化,这种电容变化进一步被转化为电信号而被记录在水位计的存储器中。通过数据线将水位计的读数导出后，利用读数与水位值的线性方程，可以转换为水位值。由此方法得到的水位值实际是水位埋深，正值表示水位在地表以下，负值表示水位高于地表。

使用前清理与检查：首先应使用水或酒精仔细清洁聚四氟乙烯连接线，目的是清除附着在连接线上的杂质或沉积物，以避免影响后续监测。定期清洗和校准是确保准确测量的关键，同时也需避免过度弯曲连接线，避免接触锋利或尖锐物品导致连接线破损。

新建站点：仪器首次使用，需要新建立一个仪器站点，设置仪器参数等(图 3-5)。点击 File—Sample Site File，选择 Capacitance Water Level，下拉选择仪器对应的测量范围。输入传感器序列号，序列号在仪器标签上，单击“OK”，输入记录器序列号后软件自动创建一个站点文件，如 ODYWL_001. KEY。

右击“Edit”对传感器进行详细配置，如站点名称、站点编号、传感器序列号和传感器校准(图 3-6)。

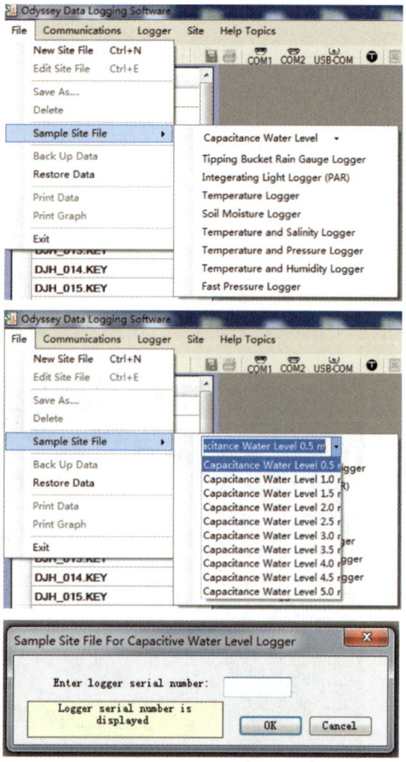

图 3-5　新建站点

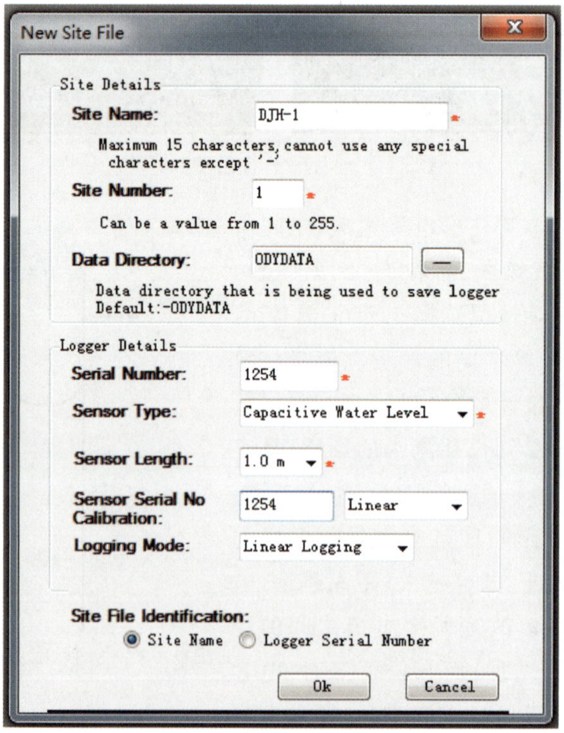

图 3-6　设置站点信息

Site Name 为站点名，用于标记记录地点。Site Number 用于区分监测地点，可输入范围 1～255。Data Directory 为数据保存目录，默认即可，也可以新增改动。Serial Number 为产品序列号，见仪器标签。Sensor Type 为传感器类型。Sensor Length 为传感器长度。Sensor Serial No 为序列号，校准类型。Logging Mode 为记录模式，建议默认 Linear Logging。Site File Identification 为识别文件，默认为 Site Name。点击“OK”进行保存。

校正方法：①用防水记号笔在聚四氟乙烯连接线上标记两个点，从配重的底部开始测量两个点的位置，一个点位于 200 mm 处，另一个点为水位计的指定长度，即 0.5 m、1.5 m、1 m、2 m、3 m 或 5 m，这两个点将用于获取校准值。对于长度为 2 m 的探头，可以在装满水的 PVC 管中进行校准，对于更长的探头，可以将连接线缠绕在一个宽塑料桶中。②将探头清洗干净并浸入充满水的校准管中，探头底部 200 mm 标记处与液面平齐。如果使用日志模式，将水位计保持该状态约 1min；如果使用跟踪模式，则等待读数稳定后记录电脑屏幕上的值。将探头降至第二点，日志模式保持水平大约 1min；跟踪模式则等待读数稳定后记录电脑屏幕上的值，并点击按钮终止跟踪模式。③两个记录的值即对应用于生成校准数据的两个水位，得到的值应与先前的校准进行比较。如果存在较大差异，则应重复校准。假设使用相同的校准点，偏移量的值应该在前一个值的 10～20 个计数范围内。

2. 泥炭孔隙水采集

在泥炭地监测中，可以选用荷兰 Rhizosphere 公司生产的 MacroRhizon 土壤溶液采样器来收集孔隙水。该采样器前端为一段多孔的、化学惰性的亲水性滤膜取样头，直径为 2.5 mm，平均孔径为 0.18 μm，长度为 10 cm，内有不锈钢加固丝；中间为无色透明延长管，材质为聚乙烯/聚氯乙烯，长度可根据需要定制；末端为接头，用于连接注射器(图 3-7)。其工作原理基于毛细管作用以及注射器抽取产生的负压来获得过滤的泥炭孔隙水样品。

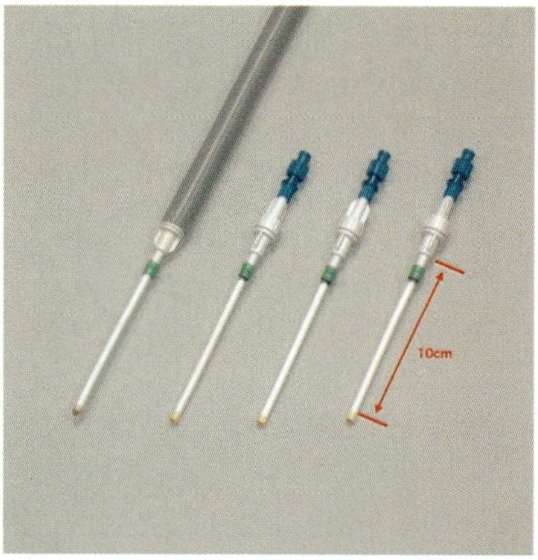

图 3-7　MacroRhizon 土壤溶液采样器取样头部分

MacroRhizon 土壤孔隙水采样器具有众多优点：①它采用原位提取样品的方式，对土壤水力性质的破坏小；②采样器的死容积小于 0.5 mL，可以避免外界空气混入的干扰；③采样头的离子交换能力小于土壤，不会与水样发生反应；④取样后不影响样品 pH 值；⑤成本较低，已经成为广泛使用的土壤孔隙水取样工具。在使用过程中需要注意的是，取样器抽取的前 1～2管水样一般不能使用，这是因为该取样器倾向于优先从土壤大孔隙中抽取孔隙水，即溶质运移较高的区域，导致前几管水样不具有代表性。

当采集 0～10 cm 浅层的泥炭孔隙水时，只需将采样器前端的取样头插入泥炭中并连接注射器，打开旋钮将孔隙水慢慢收集到注射器中，随后快速转移到 50 mL 离心管或厌氧瓶中并密封。当采集更深层的泥炭孔隙水时，例如 50～60 cm、100～110 cm，还需要安装对应长度的延长管,并利用土钻等辅助工具打孔,在采样器外侧套上聚乙烯管用于保护过滤头,迅速插入打好的孔中并稳定一段时间。采集孔隙水前需提前检查采样器过滤头是否损坏,从注射器中转移水样时要尽量避免与空气接触,可以将针头插入厌氧瓶中进行转移。此外在采集后还需马上测试水样的各项参数,防止水样变质。

3. 水化学分析

在大九湖监测中,还需要测试水样或表土样品中总有机碳含量(TOC)或可溶有机碳含量(DOC)、硝态氮含量、铵态氮含量、总磷含量、铁离子含量等。测试 DOC 时,还需分析紫外—可见吸收光谱、三维荧光光谱等。对于这些测试项目,需要按照标准的方法流程来开展。由于涉及到太多的技术细节,本书不一一列出。具体细节,请参照《水质分析实用手册(第 2 版)》以及对应仪器的操作手册。本书重点介绍野外现场分析。

哈希 HQ40d 多参数水质仪是一款常用于水体理化参数监测的设备,可以测量水体的水温、pH、电导率、氧化还原电位、溶解氧等多个参数。仪器操作面板和显示屏如图 3-8 所示。

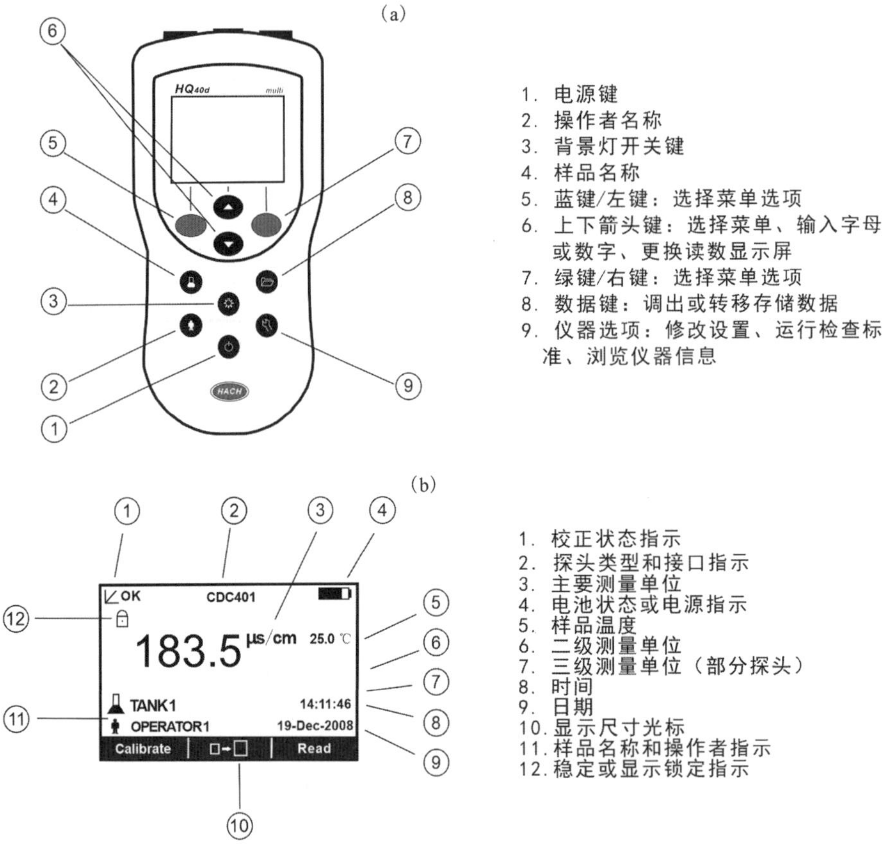

图 3-8 哈希 HQ40d 按键(a)与显示屏示意图(b)

哈希 HQ40d 多参数水质仪的仪器操作如下。

(1)连接:首先连接需测试的探头,需注意在连接过程中要对准接口,不能使用蛮力,防止接口没对准导致连接插头中的金属电极弯曲。

(2)校正:各探头需要校正后才能开始测量。按下仪器的“Calibrate”键,选择响应的校正方法,一般默认的即可。将探头插入到校正使用的标准溶液中,点击“Read”键,等待一段时间读数稳定后,仪器会显示读数并自动校准为标准值,点击“Done”查看校正数据情况,然后点击“Store”键即可保存校正结果,此时屏幕左上角校正状态显示“OK”。需定期更换校正液,保证校正液不会发生变质。

(3)测试:将探头插入水样中,按“Read”键,待数据稳定后即可以记录相应数据。

(4)保存:测试结束后,用蒸馏水将探头冲洗干净,用纸巾擦干后,插入带有氯化钾溶液的探头保护瓶中,在常温下保存。

第三节　植物群落调查

开展植物群落调查是开发、利用和保护生物资源的前提,也是生态学、环境科学和地理学等相关学科进行科学研究的基础。植物群落调查是用统一、规范的调查方法,对植物群落进行全面、系统的野外调查。在此基础上,掌握植物群落的整体现状(包括群落类型及其物种构成、结构、分布和动态等),分析群落与环境的相互关系,对重点群落类型进行长期监测,了解群落优势种的生态属性等,并对群落现状和发展趋势进行评估。群落清查的主要成果是群落数据库,进而为生物多样性利用和保护、土地利用状况监测、生态系统管理、区域发展规划等提供基础资料。

植物群落调查需要提前准备好野外工作工具与器材,包括笔记本电脑、数码相机、GPS、坡度坡向仪、望远镜、轮尺、皮尺、土壤刀、计算器等器材;调查用表、调查用图、铅笔、粉笔或蜡笔、油性笔、记录本、文具盒、工作包等表格和文具;采集桶(袋)、标本夹、高枝剪、放大镜、标本烘烤架、吹风机、吸水纸、台纸、透明纸、浸制试剂等采集装备。

1. 确定调查对象和区域

调查需要确定样地,即进行详细调查研究的区域。调查对象为区域内所有野生植物。

2. 明确调查要求

(1)调查时间。植物调查要选择大部分植物种类开花或结实阶段进行调查。

(2)调查频次。同一个地区,应该在不同的季节开展调查(2 次以上),最大限度地将该区域的植物种类及相关内容调查详尽。

(3)样地(点)布设。样地(点)的布局要尽可能全面,要分布在整个调查地区内的各代表性地段及代表类群,避免在一些地区产生漏空,要注意代表性、随机性、整体性及可行性结合;同时,也要注意到被调查区域的不同地段的生境差异,如山脊、沟谷、坡向和海拔等。

(4)样方设置。样方是指在调查样地中设立的具有一定面积大小及形状的研究地块。根据地形地貌布设样方并进行调查记录,样方面积依据物种多样性来确定。一般森林样方面积设为 (20～30) m×(20～30) m,然后在样方的 4 个角和对角线交叉点设立灌木与草本小样方;灌木类型的样方面积通常设为 (5～10) m×(5～10) m;草本样方的面积通常设为(1～2) m×

(1～2) m。样方数量一般面积 (5～50) ha 设 2～3 个样方,(50～500) ha 设 5 个,面积大于 500 ha 的每增 100 ha 增设一个,但总样方数最多控制在 10 个以内。

在苔藓植物调查中,应保持样方形状相同,样方大小取决于不同的情况。如调查生长于某一块孤立的岩石或树干表面的苔藓植物群落时,可采用 (0.01～0.25) m^2 的小样方,再将其划分为大小相等的小网格;调查某一类植被类型或小生境中的苔藓植物,则可取面积大一些的样方,如可以 100 m^2 或 400 m^2 为一个样方,再将其划分为 100 个或 400 个 1×1 m 的小样方网格,对每个样方网格内的苔藓植物进行调查。

3. 调查内容

(1)种类。

(2)分布:经纬度、海拔。

(3)数量:盖度(植物地上部分垂直投影面积占样方面积的百分比)、植株密度(样方种植物个体数量)、多度(物种个数数量的目测估计指标,常用 Drude 的七级制分级,包括极多、很多、多、尚多、不多、稀少和单株)、胸高直径(树高 1.3 m 处茎干直径)、树高、重要值(相对多度、相对频度和相对优势度的三者均值)。

(4)生长状况。

(5)生境状况:植被、坡度、坡向、土壤、土地利用等。

(6)开发利用状况:采挖方式、年采挖量及用途、栽培及市场销售情况等。

(7)受威胁因素。

(8)保护管理现状(是否受保护、何种保护形式等)。

4. 调查方法

1)样方法

在样地上设立一定数量的样方,对样方中的物种进行全面调查研究的方法。对物种丰富、分布范围相对集中、分布面积较大的地段可采取样方法。

2)样线(带)法

调查者按一定路线行走,记录路线左右一定范围内出现的物种,路线宽度可确定也可不确定。对于物种不十分丰富、分布范围相对分散,种群数量较多的区域宜采用样线(带)法。

3)全查法

直接调查统计调查区域内物种的全部个体,实测其分布面积,真实地反映资源量的客观情况。对于物种稀少,分布面积小,种群数量相对较少的区域,宜采用全查法。

4)访谈及市场调查法

对调查区域内的野生植物栽培场圃及贸易场所进行走访和调查,调查内容包括种类、来源、流向、用途、年度贸易量,以及经营个人和商户的背景信息等。

5. 标本采集与鉴定

在调查过程中应尽可能采集标本,以保证所调查物种具有凭证,同时也可以增加标本保藏数量。在采集过程中要详细记录与物种相关的形态特征、生境等方面信息(自制表格)。标本鉴定要依据《中国植物志》及其他权威书籍或资料。手机软件如“形色”“掌上识别王”“识花君”“识万物”等可以作为参考。

6. 调查结果整理与分析

(1)植物群落综合评价。包括①植被类型分析;②区系组成(种及种以上高级分类阶元的丰富度);③珍稀濒危、特有性分析;④用途及经济价值类型分析。

(2)植物群落概述。包括①种类:中文名、俗名、拉丁学名;②分布:种群或个体经纬度及海拔范围;③数量:个体数目、分布面积等;④群落中地位等;⑤生境状况评价:分布特征、干扰状况、土壤、植被、土地利用等;⑥用途及开发利用状况:利用方式、历史、利用程度等;⑦受威胁现状及因素分析;⑧保护管理现状:是否受保护、何种保护形式(保护等级、迁地保护、就地保护)等;⑨研究现状及空缺分析;⑨开发利用及保护建议。

第四节 温室气体监测

湿地在全球温室气体循环中扮演着重要角色。湿地温室气体监测主要是关注 CO_2、CH_4 和 N_2O 这 3 种温室气体,尤其是前两者。湿地内的植物会吸收 CO_2,微生物则会产生 CO_2 和 CH_4。在湿地中,温室气体主要通过扩散、冒泡和植物传输进行排放。在这些方式中,扩散是最主要的排放途径,气体会从高浓度区域向低浓度区域扩散。温室气体进入水体后,这些气体在水中积聚,当受到扰动时(例如水中湍流、紊流以及水面气压的变化)瞬间释放。另外,一部分温室气体也会通过植物的维管束系统排放,这个过程使甲烷绕过了水面附近的生物氧化作用。

在湿地监测中,主要关注的是水-气界面的通量、土-气界面的通量。前者主要是针对有明显水体的湿地类型,例如湖泊、河流、水库等;后者适用于沼泽等狭义上的湿地。适用于湿地温室气体监测的方法有很多类型,主要包括箱法、涡度相关法和边界层模型法。在大九湖的监测实践中,主要采用了箱法和涡度相关法。

1. 箱法

在温室气体通量监测中,箱法是应用最广泛的一种方法,价格低廉,操作简便,适合开展多点同时监测。该方法通过使用静态箱或动态箱,收集箱体内不同时间点的气体样本,并进行气相色谱分析或者光谱分析。通过分析气体浓度随时间的变化率计算温室气体通量。静态箱通常是指手动采样的塑料箱体,而动态箱则是可以自动测量的装置。使用静态箱时,人工手动采集气体样本,并将其装入气体采样袋后,使用室内气相色谱法进行气体浓度测量。而动态箱则结合了光谱分析技术,例如非分散红外检测技术(non-dispersive infrared, NDIR)、傅里叶变换红外光谱技术(Fourier transform infrared spectroscopy, FTIR)和光腔衰荡光谱技术(cavity ring-down spectroscopy, CRDS),能够在线进行高频、精确的通量数据采集。大九湖基地使用的便携式温室气体监测仪,联合土壤呼吸室是一种动态箱。它能够自动计算土-气界面的温室气体通量。

无论是静态箱还是动态箱，它们的计算原理都是相同的。

$$F=\frac{S\cdot\rho\cdot 273\cdot V\cdot C_1}{(273+T)\cdot A}$$

式中：F 为温室气体通量[mg CH_4/(m^2 · h)，mg CO_2/(m^2 · h)]；S 为待测气体随时间的变化斜率(ppm/min)；ρ 为标准状态下 CH_4 和 CO_2 的密度 (kg/m^3)；V 为箱体体积(m^3)；T 为温度(℃)；A 为箱体覆盖的面积 (m^2)，C_1 是时间单位转化常数为 60 (min/h)。

计算碳通量时

$$F=\frac{S\cdot P_0\cdot 273\cdot V\cdot C_1\cdot 12}{22.41(\mathrm{l/mol})\cdot P_{\mathrm{atm}}\cdot(273+T)\cdot A\cdot 1000}$$

式中：F 为温室气体通量[mg · C/(m^2 · h)]；S 为待测气体随时间的变化斜率(ppm/min)；P_0 为待测背景环境大气压(Pa)；P_{atm} 为标准大气压(Pa)；V 为箱体体积(L)；R 为普适气体常数[0.082 057 L atm/(mol · K)]；T 为温度(℃)；A 为箱体覆盖的面积(m^2)；C_1 是时间单位转化常数为 60(min/h)。

根据不同的气体流通方式，还有一种称为开放式箱体的监测方法。该方法的基本原理是空气从箱体的一侧进气口进入箱内，经过箱体覆盖的地面后，从箱体的另一侧流出。通过测量箱体进气口和出气口的气体浓度差、气体流速，以及箱体覆盖面积，可以计算出气体通量。

$$F=f\cdot\frac{C_1-C_2}{A}$$

式中：F 为温室气体通量[mg/(m^2 · min)]；f 为流经箱体的气体流量(L/min)；C_1 为箱体出气口被测气体浓度(mg/L)；C_2 为箱体进气口被测气体浓度(mg/L)；A 为箱内覆盖面积(m^2)。

2. 涡度相关法

涡度相关法(eddy covariance technique，EC)是一种微气象观测方法，用于测量地面气体的排放通量。该方法基于监测地面的湍动状况(如温度、湿度、风速等)和微量气体的浓度变化，通过观测结果来估算地面气体的排放通量，代表了一定区域内的平均值(图 3-9)。通常，温室气体、温度、湿度和风速等探头被安装在通量塔上，进行原位的连续观测。涡度相关法的应用有 3 个前提条件：①气体浓度在观测的尺度下是稳定的，不随时间改变；②在一定高度内通量不随着高度而改变；③开阔且均一的地形(某一层面的气体浓度和通量相同)。涡度相关法的计算公式如下

$$F=\overline{w'\rho_c'}=\frac{1}{T}\int_1^T w\rho_c\,\mathrm{d}t=\frac{1}{N}\sum_{i=1}^{n}w_i\rho_a$$

式中：F 为待测气体通量[mg/(m^2 · d)]；w' 为垂直风速脉动(m/s)；ρ_c' 为待测气体平均浓度(g/m^3)；w 为垂直风速(m/s)；ρ_c 为待测气体密度(mol/m^3)；ρ_a 为干空气密度(mol/m^3)；T 为取样时间；N 为取样次数。

相对于箱法，通量塔的优点在于它能够获得长达几年甚至更长时间的连续数据序列。这种长期的观测数据可以提供更全面、持续的信息，有助于更准确地了解气体通量的变化趋势和周期性。这对于研究气候变化、生态系统健康和环境影响等具有重要价值。然而，

通量塔的使用也存在一些不足。首先，它的建设和维护成本相对较高，需要昂贵的设备和持续的维护支出。其次，通量塔通常是固定在特定地点进行观测的，这就限制了监测点位的灵活性。

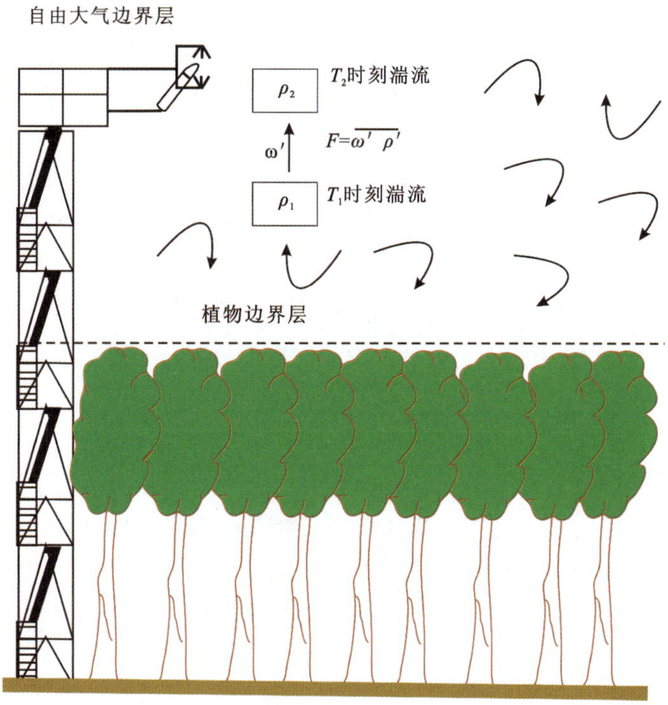

图 3-9 理想状态下大气及植被边界层状况（修改自陈世苹等，2020）

3. 边界层模型法

边界层模型法（boundary layer method）是一种常用于水-气界面上温室气体通量的测量方法。它通过测量表层水体中溶解的气体浓度与大气中气体浓度的差值，结合气体交换系数来计算通量，测量结果代表水气界面气体扩散途径的通量。计算公式如下

$$F = k \cdot (C_w - C_{eq})$$

式中：k 为水-气界面气体的交换系数，无量纲；C_w 为水中溶解的 CH_4 和 CO_2 浓度（nmol · L^{-1}）；C_{eq} 为特定温度下水体与大气达到平衡时的气体浓度。这 3 个参数需要进一步计算。

k 值是边界层模型法估算的关键因子，可以理解为水体表层湍流和大气之间的能量交换函数，受到水面扰动的强烈影响。目前关于 k 值的计算有多种方法，一种是示踪实测法，另一种是经验模型估算法。在这里只简单介绍经验模型估算法，其原理是利用风速与 k 值的经验关系，来估计对应的 k 值。计算公式如下

$$k = k_{600} \cdot \left(\frac{S_c}{600}\right)^{-n}$$

$$S_c(CO_2) = 1\,911.1 - 118.11t + 3.452\,7\,t^2 - 0.041\,32\,t^3$$

$$S_c(CH_4) = 1\,897.8 - 114.28t + 3.290\,2\,t^2 - 0.039\,06\,t^3$$

$$S_c(N_2O) = 2\,055.6 - 137.10t + 4.317\,3\,t^2 - 0.054\,35\,t^3$$

式中：$k_{600} = 1.91 \cdot e^{0.35u}$[$u$ 为定常风速(m/s)]；n 为模型指数，根据风速赋值 0.5～0.667；S_c 为施密特数。

C_w(水中溶解的 CH_4 和 CO_2 浓度)是另外一个关键参数，可以使用顶空平衡法来计算。即取一定体积水样置于气密性容器中，利用高纯 N_2、He 制造一定体积的顶空，剧烈震荡后测量容器内顶空气体，再利用亨利定律计算水体中的温室气体浓度。计算公式如下

$$C_w = C_g \cdot \left(\frac{v_g}{v_l}\right) + C_l$$

式中：v_g 为顶空的体积；C_g 为顶空部分的 CH_4 和 CO_2 浓度；v_l 为水样的体积；C_l 为 CH_4 和 CO_2 溶存于水样中的浓度。

C_g 可以通过气相色谱测得；C_l 由亨利常数计算，计算公式如下

$$C_l = C_g RTK_0$$

$$\ln K_0 = A_1 + A_2 \cdot \left(\frac{100}{T}\right) + A_3 \cdot \ln\left(\frac{T}{100}\right)$$

式中：R 为普适气体常数($0.082\,057\ \mathrm{L\ atm \cdot mol^{-1} \cdot K^{-1}}$)；$T$ 为水温(K)；K_0 为亨利常数($\mathrm{mol \cdot L^{-1} \cdot atm^{-1}}$)；$A_1$、$A_2$、$A_3$ 为常数，CO_2 计算时分别取－58.093 1、90.506 9、22.294 0，CH_4 计算时分别取－68.886 2、101.495 6、28.731 4。

C_{eq} 是水体与大气达到平衡时的气体浓度，计算之前需要把待测气体的大气浓度测出。计算公式如下

$$C_{eq} = K_H \cdot P_A$$

$$K_H = K_H^{\theta} \cdot e^{K_T\left(\frac{1}{T_K} - \frac{1}{T^{\theta}}\right)}$$

式中：K_H 为采样水温下的气体亨利常数；P_A 为待测气体大气分压；K_H^{θ} 为 298 K 和 1 atm 条件下的亨利常数($\mathrm{mol \cdot L^{-1} \cdot atm^{-1}}$)；$K_T$ 为亨利常数随温度变化的参数；T_K 为实际的绝对温度；T^{θ} 为绝对温度，273 K。

第五节　无人机调查

1. eBee plus 无人机简介

eBee plus 是瑞士 SenseFly 公司研发的航空摄影测量无人机，具有重量轻巧、模块化设定、机翼可拆卸、冲击力低、安全性高等特点(图 3-10)。无人机采用电力推进，配置可充电式锂聚合物电池，相比其他电池，可充电式锂聚合物电池具有容量大、安全、无污染、低噪声等优点。eBee plus 续航时间长达 59min，最大覆盖面积 40 km^2。内置的 RTK / PPK 功能通过地面电台将 CORS 基准站改正讯号上传至 eBee-RTK，飞行过程中及时计算 RTK 坐标，可省去地面像控点的布设，属于测量级测绘无人机，精度较高。eBee plus 无人机搭载为摄影测量而优化设计的 RGB 传感器 SenseFly S. O. D. A 相机，2000 万像素全局快门。

eBee plus 无人机非常轻巧，可直接手动操作起飞，无需任何发射架和跑道，并且在整个

图 3-10 eBee plus 无人机系统及飞行规划软件 eMotion 3 界面

飞行过程中全自动操作(图 3-11)。着陆时,可环形飞行着陆;如果空间有限的话,eBee plus 无人机可通过先进的地表感应技术,自动进行直线降落(图 3-11)。无人机的外业操作软件为 eMotion 3,内业数据处理软件为 Postflight3D。通过 eMotion 3 软件,在飞行前和飞行过程中,可规划、模拟、监控以及控制飞行轨迹。通过简单的拖放操作,可指定所要飞行的区域,并规划飞行路线。单击鼠标,可更新飞行任务,或使 eBee plus(无人机)回到起飞位置(图 3-11)。Postflight3D 软件是无人机飞行数据的后处理软件,在完成相机的自检校、特征点匹配、空三加密、生成三维点云的基础上,可快速获得具有地理坐标的正射影像图和创建三维模型图。

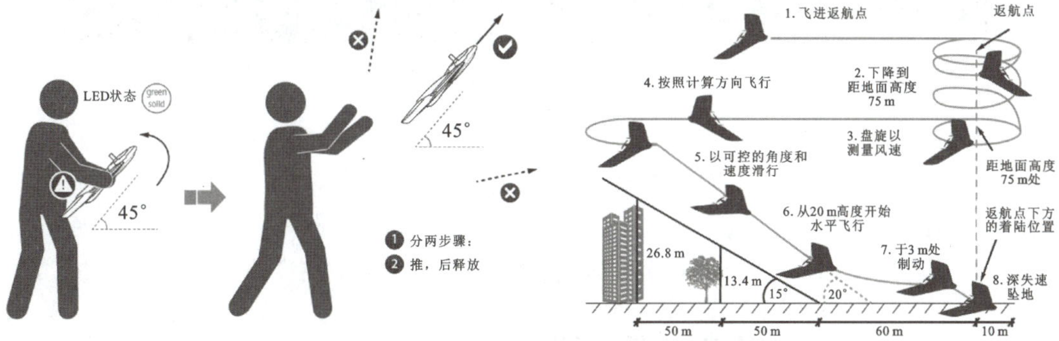

图 3-11 eBee plus 无人机手抛起飞和直线降落示意图

2. 无人机数据采集

为了获取高精度定位数据,首先在进行无人机数据采集前需架设一个 GNSS 基站,用于记录差分校正数据,供后处理使用(图 3-12)。然后利用 eMotion 3 软件规划飞行任务。由于研究区域广阔,考虑无线电信号传输距离有限,需将大九湖分为 4 个任务块分别进行影像采集(图 3-12)。影像在航向和旁向上重叠率分别设置为 80%和 60%,飞行高度为 500 m AGL (above ground level),对应的地面分辨率约为 15 cm,飞行期间使用 PPK(后处理运动定位)模式。无人机系统记录了每张照片的原始 GNSS 数据(定位精度较低)。4 次飞行任务分别获得了 422、382、424 和 385 张具有地理标记(geotagged)的图像(图 3-13)。

图 3-12　大九湖 GNSS 基站架设及无人机航线规划示意图

图 3-13　获取的无人机航拍影像(拍摄于 2023 年 7 月 16 日)

野外数据采集完成后,在室内利用 eMotion 3 软件里的后处理功能,使用 GNSS 记录的静态数据,通过 PPK 可计算获得图像的高精度位置信息。例如,对第一个任务块获取的 422 张影像进行处理后,位置精度标准差从 7.2 m 下降到了 3.9 cm(图 3-14)。这些高精度位置信息会自动附加到每个图像的 EXIF 元数据中,供后续生产高定位精度的地表产品使用。

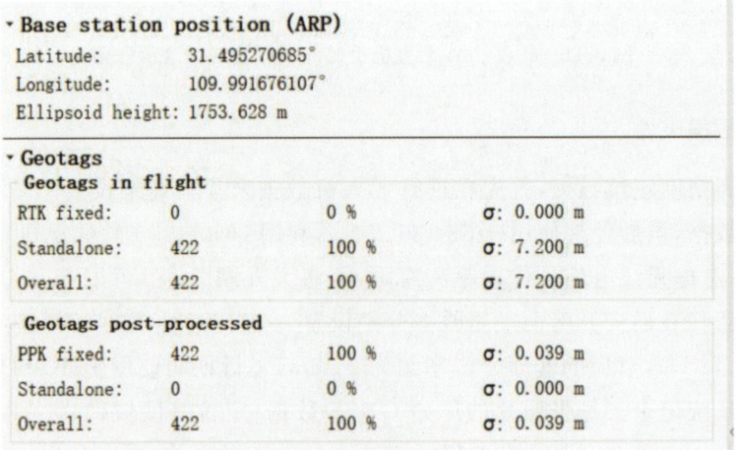

图 3-14　PPK 处理前后影像定位精度对比

3. 高分辨率影像生产原理

利用无人机采集图像生产正射影像和数字表面模型(digital surface model,DSM)主要是利用运动恢复结构(structure from motion,SfM)算法。该算法能够利用重叠的影像恢复出相机的位置、姿态和场景的三维结构。该算法对影像采集的要求低,且不依赖于特定的假设条件,自动化程度高、通用性好,有很好的应用前景。

高分辨率影像生产一般包括以下步骤:首先,在不同的重叠影像间进行同名特征检测和匹配,然后基于匹配的同名特征点,利用迭代光束平差(iterative bundle adjustment)自动求解相机的位置和由同名特征点生成的目标区域三维点云。这些点云通常比较稀疏,被称为稀疏点云。要建立高质量的三维模型,这些点云数据量偏少。通过三维结构的运动位置、指向,以及多视点立体(multi view stereo,MVS)算法,可以基于已获得的稀疏表面点云框架,搜索图像之间每一个像素栅格来获取最佳匹配,产生更大量的匹配点,从而生成一套更密集的点云数据,通常叫密集点云。这些点云并不具有实际空间坐标,而是建立在局部坐标系之上的。需要通过加入控制点来将加密点云的坐标系统转换为空间地理坐标。此时每个点云数据中都包含了其自身的地理坐标及高程值。接下来进行网格构建,借助三角剖分等算法,将相邻数据点连接起来构建不规则的三角网格。通过局部一次多项式插值等内插方法,可以计算出三角形所包含的格网点的高程值,从而生成 DSM。利用 DSM 分别对像元进行逐像元投影修正,即可生成正射影像。最后依据原始影像数据进行纹理映射,完成纹理的构建,输出具有纹理的可视化 3D 模型。目前有很多开源或者商业软件都集成了 SfM 算法,如 PhotoScan、PhotoModeler 和 Pix4D 等。以上处理过程均需要大量计算机硬件资源支持(CPU、GPU 及内存等)。如果硬件配置不高,将会导致处理时间延长。如有条件的话使用计算机集群进行并行处理,则可以显著缩短总处理时间。

4. 高分辨率影像生产操作流程

无人机图像处理软件较多,本书利用 Agisoft Photoscan 1.4 软件进行图像处理,生成 DSM 和正射影像。为了减少处理时间,建议所有 Accuracy、Quality 设置为 Medium,其他参数选择默认设置(图 3-15)。

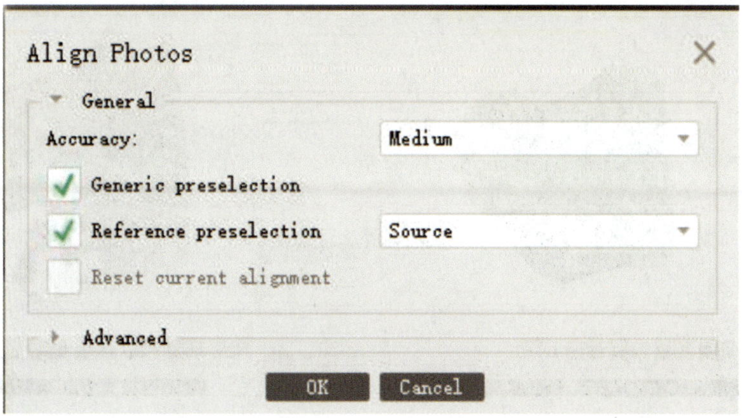

图 3-15 Agisoft Photoscan 软件处理无人机图像的初始设置

1)基本操作

(1)添加无人机影像:Workflow→Add Photos。

(2)生成点云数据:Workflow→Align Photos。生成稀疏点云如[图 3-16(a)]所示。

(3)加密点云数据:Workflow→Build Dense Cloud。生成加密点云如[图 3-16(b)]所示(某些地方数据缺失,是因为没有找到特征点)。

图 3-16　无人机图像生成 DSM 和正射影像的过程与效果

2)3D 建模

(1)创建 Mesh:Workflow→Build Mesh。该步处理速度较慢,生成的模型如[图 3-16(c)]所示。

(2)创建纹理:Workflow→Build Texture。该步处理速度较慢,生成的结果如图 3-16d 所示。

(3)创建 Tiled Model:Workflow→Build Tiled Model。该方法能够提升上个步骤结果的清晰度。

3)生成 DSM 和正射影像

(1)创建 DSM:Workflow→Build DEM(Point classes:all)。DSM 如图 3-16(e)所示。

(2)生成正射影像 Workflow→Orthomosaic。正射影像如图 3-16(f)所示。

第六节　泥炭古气候研究方法

1. 泥炭柱采集

泥炭取芯通常选用俄式泥炭采样器(Russian corer),这种人工钻只适用于较软或松散的沉积物。泥炭采样器由钻头、延长杆、T 型手柄组成,其核心部分是不锈钢锥形钻头。钻头部分的锥体中空,安装了一个可以旋转的不锈钢合叶片(图 3-17)。在插入泥炭沉积物后,通过顺时针旋转,泥炭会被拖曳进入锥体腔室中,合叶也随之关闭,即可采集到相应层位的泥炭沉积物。取样区的直径为 5 cm,也即取到的样品是直径为 5 cm 的半圆。为了钻取深部的样品,通常要配置多根钢制延长杆(长度 1 m),通过螺纹连接。

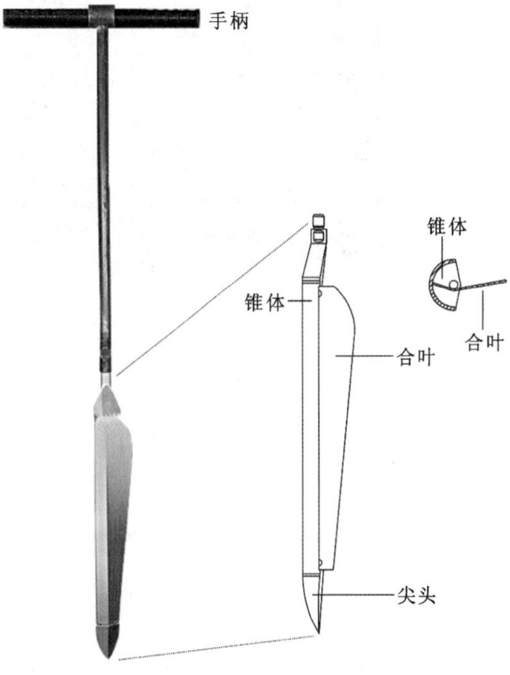

图 3-17　俄式泥炭采样器

在实际操作中,首先需要检查钻头合叶的开合情况与上、下两端的螺丝,防止由于沙子或其他物质进入导致合叶无法正常开合或者松动,这可能导致合叶在插入泥炭后掉落。用水清理钻头后,将钻头、延长杆以及 T 型手柄连接起来。需注意钻头与延长杆以及手柄之间必须紧密连接,且插入泥炭后只能顺时针旋转,否则松动可能导致钻头掉落在泥炭中。连接完成后,使用卷尺在延长杆上量出目标深度的位置,采集顺序按照由浅到深,每次采集 50 cm,插入泥炭后,通常顺时针旋转两圈即可,然后使用带卡扣的手柄将整个采样器拔出。放平后打开合叶,将采集的沉积柱缓慢倒在覆盖了干净铝箔的木板上，可现场按照 1 cm、2 cm 或 5 cm 进行分样，用铝箔包裹并放入样品袋密封，或者整根柱子固定后运回室内再进行分样。

2. 泥炭岩性描述

在野外现场，要对沉积岩芯的岩性、颜色、松紧程度等特征进行描述。现场记录的这些信息能够指示沉积环境的变化，例如由青灰色淤泥向棕褐色泥炭的变化，指示了沉积环境从湖相转变为沼泽相(图 3-18)。

图 3-18　大九湖典型的泥炭岩芯(2020 年 8 月采集)

泥炭沉积柱的颜色也可以提供一些关于其成因和性质的信息。一般来说，泥炭沉积柱的颜色可以表现出从浅黄色、棕色到深褐色、黑色等不同阶段的颜色变化。较浅的颜色可能表示较为新鲜的泥炭，而较深的颜色可能表示较为古老的泥炭。泥炭藓残体通常是红色的，一些木本残体也会呈现红色。此外，颜色的变化也可以反映出氧化程度和有机质含量的差异。

泥炭沉积柱的松紧性可以提供关于沉积条件和压实程度的信息。一般来说，泥炭沉积柱较为松散的部分可能表示较为湿润的环境，较为紧密的部分可能表示较为干燥的环境。通过观察泥炭沉积柱不同部分的松紧性变化，可以对该地区过去的湿度变化进行初步了解。

泥炭沉积柱中经常可以看到肉眼可见的植物残体，如树木碎屑、植物根系、叶子等。通过观察和鉴定这些植物残体，可以了解泥炭沉积柱形成时的植被类型和环境条件。不同类型的植物残体在泥炭中的含量和分布也可以提供有关自然环境演变过程的信息。

3. ^{14}C 年代学

泥炭沉积大多形成于末次冰消期以来，因而最常用的年代学方法是^{14}C 定年。^{14}C 测年又称放射性碳定年法，是一种利用物质中^{14}C 的放射性衰变来确定物质年代的方法。^{14}C 是碳元素的一种不稳定同位素，具有放射性，其半衰期约为 5730 年。^{14}C 在大气中通过宇宙射线与氮原子的相互作用不断生成，并与氧结合形成二氧化碳，进而参与到自然界的碳循环中(图 3-19)。生物体在生存期间通过光合作用或食物链吸收含^{14}C 的二氧化碳，从而在其体内积累^{14}C。当生物体死亡后，停止从外界吸收^{14}C，其体内的^{14}C 将按照半衰期规律逐渐衰变减少。因此，通过测定样品中剩余的^{14}C 含量，并结合已知的^{14}C 半衰期，可以计算出样品的大致年代。通常经过 10 个半衰期后^{14}C 基本衰变殆尽，因此该方法主要适用于过去 55 000 年以来含碳物质的年代测定。

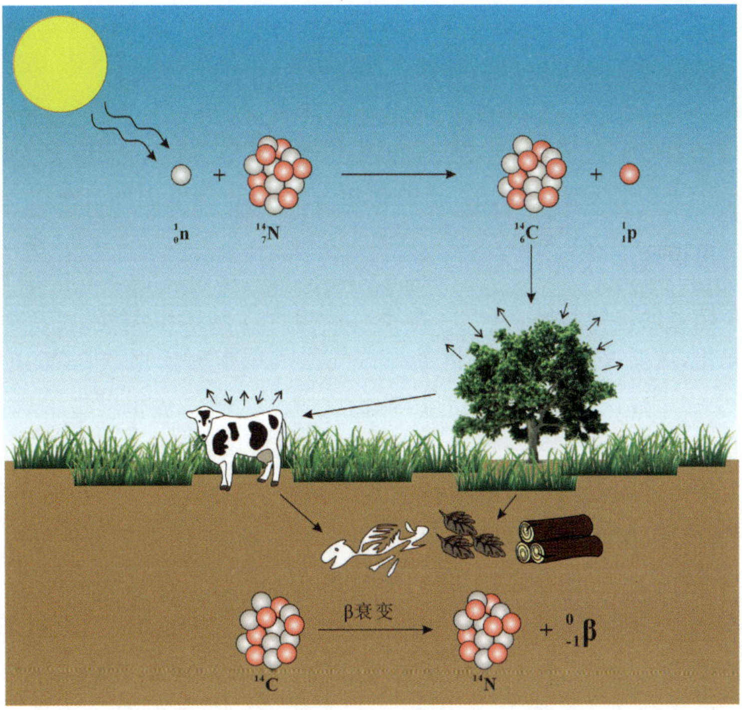

图 3-19　放射性碳^{14}C 产生、衰变和测年基本原理

选择可靠的测年材料是确保年代学结果准确性的重要前提。对于泥炭，由于有机质含量非常高，可供^{14}C 测年的组分非常丰富，既可以是全样，也可以是植物残体、花粉浓缩物等。泥炭有机质主要来自原地生长的成炭植物，在去除了根系的情况下，全样的^{14}C 年龄通常是可靠的。不过，在我们的亚热带泥炭沉积研究中发现，仅靠肉眼挑选，是无法排除根系的影响，也不能排除流水等过程带来的外源有机碳的干扰。因此，筛选 300～90 μm 的组分进行^{14}C 测年，通常能得到可靠的年代学框架(Huang et al.，2018)。实际上，挑选叶片残体、种子等，效

果更好。对于分解比较彻底的泥炭沉积，可以收集花粉浓缩物来进行^{14}C定年（张姚等，2021）。此外，还可以提取泥炭中的纤维素来进行^{14}C定年。

用于^{14}C测年的材料，还需要经过化学处理，特别是盐酸—碱（NaOH）—盐酸清洗，去除黏附的易迁移成分。经过化学处理，样本被转化为CO_2气体或进一步石墨化以便在加速器质谱仪（accelerator mass spectrometer ，AMS）上进行测试。放射性碳的测试最初采用衰减计数法，即气体正比计数或液体闪烁计数来统计释放出的β粒子，但这一方法的效率非常低，通常需要较高的样本量（1～5 g纯碳）。加速器质谱仪的发明大大提高了^{14}C分析的精度和效率，将分析时间从几天减少到几十分钟。随着加速器质谱仪的改进和发展，样本分析所需的碳量已经减少到毫克甚至微克级别（Santos et al. ，2007），使分析极小量的样品变为现实。

仪器测试得到的原始数据，需要进一步分析和校正，包括外源碳污染和仪器背景值评估、同位素分馏校正、传统放射性碳年龄计算以及校正为日历年龄。大气中的^{14}C浓度受到一系列自然因素（如太阳活动、地磁、全球碳循环）和人为因素（如核弹试验、化石燃料燃烧）的影响，因而大气中的^{14}C浓度并不恒定，需要通过校正来获得真实年龄。校正方法采用树木年轮、湖泊和海洋沉积物、洞穴石笋、珊瑚等一系列样本的其他测年结果（非^{14}C）进行统计整合，建立过去大气^{14}C变化的数据库。最新的^{14}C数据库于2020年发布（Reimer et al. ，2020）。考虑到不同地区^{14}C的差异性，数据库分成了多个版本，分别有IntCal20（北半球）、SHCal20（南半球）和Marine20（海洋环境）。校正后的^{14}C年龄结果以cal BP（BP是before present的缩写，通常以公元1950年为起点）表示，指的是相对于1950年的时间。

4. 古气候代用指标

在建立了年代学框架的基础上，古气候学者使用古气候代用指标（proxy）来重建地质历史时期的气候变化，主要是温度、降雨量等。古气候代用指标依据其性质，可以分为物理指标、化学指标和生物指标。物理指标主要包括色度、粒度、磁化率和矿物组成；化学指标主要是元素或微量元素比值、同位素比值；生物指标则包括了孢粉、植物大化石、微体化石（变形虫，硅藻等）和生物标志物。关于这些指标的基本原理、实验分析技术和适用条件，请参阅丁仲礼（2013）、谢树成等（2013）等的研究。

具体到泥炭沉积的古气候重建，学者们已经建立了丰富的古气候指标体系，其中生物类指标尤为突出（Chambers et al. ，2012；黄咸雨和谢树成，2016；Naafs et al. ，2019）。泥炭沉积中蕴含的脂类种类繁多，既有来自细菌、古菌的脂类，也有来自泥炭藓、维管束植物等脂类。基于此构建的指标体系广泛而深入，使泥炭沉积有机地球化学研究在陆相沉积领域独树一帜。有关脂类指标的详细信息，请参阅黄咸雨和谢树成（2016）、Naafs等（2019）和Pancost（2024）的研究。这里以几个代表性的脂类指标来举例说明。在酸性泥炭中，藿类主要来自好氧细菌。基于藿类含量建立的指标——藿类通量，可以灵敏地反映沼泽水位的变化（Xie et al. ，2013）。这得到了来自现代过程、微生物功能基因等多方面证据的支持。此外，来自古菌的四醚膜脂，支持了重要的古温度指标MBT。在泥炭藓泥炭地，中链烷烃C_{23}主要来自泥炭藓，长链烷烃C_{29}和C_{31}主要来自维管束植物，基于不同碳链烷烃的比值以及单个烷烃化合物的氢同位素组成，能够重建泥炭沉积历史中的干湿古气候变化。

值得注意的是，每种指标虽各具优势，但也存在一些局限性；不同指标记录的气候信息可能存在不一致性。以生物指标为例，泥炭孢粉研究非常广泛，在很多情况下，泥炭样品中的孢粉以乔木类来源为主，并不能由此推断是木本泥炭地。实际上，泥炭沉积中保存的花粉，可以来自周边山地，也可以来自数百千米以外通过大气环流带来的远距离信号。因此，孢粉通常记录的是较大区域内的混合气候信息。相比之下，一些指标，例如植物大化石、变形虫、硅藻、生物标志物等，则更侧重于记录泥炭地本身的气候信息。

第四章　野外实习教学路线

地球关键带(Earth's critical zone)主要是指从植被的冠层到风化岩石(或地下水)的底部这个可渗透的陆地区域,被称为地球的“皮肤”(National Research Council,2001)。地球关键带概念的提出,为地球表层系统科学研究提供了可操作的实体对象(张甘霖等,2021)。地球关键带涉及岩石、土壤、水、大气和生命的短期和长期的相互作用,是水和土壤形成以及生命活动的关键地带。关键带科学研究涉及地理学、地球化学、土壤学、水文学、生态学等学科领域,为气候变化、生态管理和保护、水资源安全、自然灾害防治等重大问题的解决提供一种新的、更为广阔的视角。

自筹建以来,大九湖野外基地按照地球关键带观测的要求,部署了较为系统的监测体系,涵盖了关键带的各种要素,特别是生物、水体及温室气体等。在监测点的设置上,既考虑泥炭垂向上的分层,又考虑了空间上的水位梯度和成炭植物差异(黄咸雨等,2017)。神农架大九湖湿地关键带野外科学观测研究站的建成,为在大九湖及周缘地区开展表生地球系统科学实习奠定了良好的基础。紧扣关键带的思想,本书在实习路线设计上,采取了先要素后综合的策略(图 4-1)。在要素层面,围绕着岩石、土壤、水文、生物、空气等要素,分别设置了地质(第一节)和地貌(第二节)路线、土壤(第三节)和土地利用调查(第四节)路线、植被(第五节)和微生物(第六节)路线、水文路线(第七节)和温室气体监测(第八节)。最后,回到综合的层面,回应气候变化和双碳目标等国家战略需求,设置了古气候重建(第九节)和双碳目标的实践(第十节)。

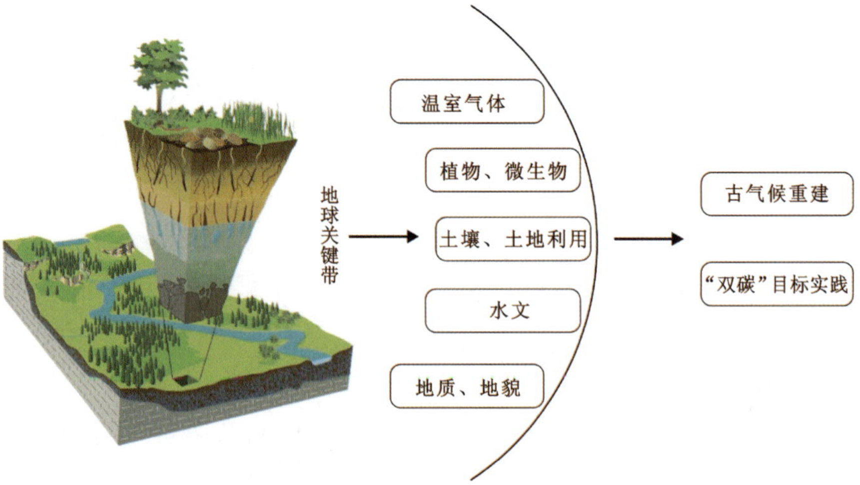

图 4-1　基于地球关键带视角的实习路线设计框架

第一节　区域地质观察

一、教学路线

神农顶—大九湖。

二、教学任务

(1)观察并描述神农架群乱石沟组、大窝坑组、矿石山组、台子组的岩性特征。

(2)观察神农架群各种类型的叠层石。

(3)观察台子组的碎屑岩韵律层及其与南华系莲沱组的不整合界线。

(4)观察神农顶分水岭及夷平面等构造地貌。

(5)观察并描述寒武系石龙洞组、覃家庙组、娄山关组的岩性特征。

三、实习要求

(1)需携带罗盘、放大镜等器具进行手标本的观察与描述。

(2)需提前预习第二章的相关内容。

(3)注意崩塌落石,需配备安全帽等装备。

四、路线内容及观察点

1. 神农架群地层剖面考察路线

考察路线沿木鱼镇西行的G317公路展开,起点位于神农营大拐弯处,终点为板壁岩(图4-2)。沿途依次出露中元古界神农架群的乱石沟组(Pt_2l)、大窝坑组(Pt_2dw)、矿石山组(Pt_2k)、台子组(Pt_2tz)和新元古界南华系莲沱组(Nh_1l)。除此之外,神农谷环形步道上的地质现象也极为丰富,适于步行观察描述。

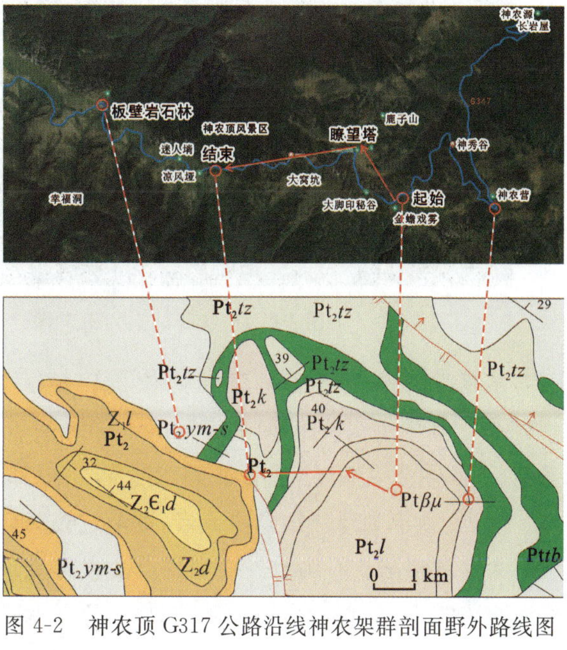

图4-2　神农顶G317公路沿线神农架群剖面野外路线图

从神农谷到主峰瞭望塔,乱石沟组(Pt_2l)出露较好,该组整体厚约535 m。下部为深灰色硅质白云岩和灰白色细晶白云岩,发育小型波状叠层石(图4-3)。中部和上部发育两段紫红色的泥质白云岩和浅红色细晶白云岩(图4-4)。最顶部发育泥裂、石盐假晶等,至少发育3段紫红色长石石英砾岩层，该砾岩层被称为“宝石砾岩”，最厚层约 1 m，也是乱石沟组与上覆大窝坑组的分界(图 4-5)。

图 4-3　神农谷乱石沟组下部波状叠层石和上部紫红色泥质条带白云岩(李东东供图)

图 4-4　神农谷乱石沟组中部硅质条带白云岩(李东东供图)

从瞭望塔经大窝坑至天际岭依次出露大窝坑组(Pt_2dw)、矿石山组(Pt_2k)、台子组(Pt_2tz)。其中大窝坑组厚约 180 m，下部为灰色厚层细晶白云岩、藻纹层白云岩。中部硅化强烈，上部主要为灰色厚层细晶白云岩。中部与上部发育大量柱状叠层石、锥状叠层石(图 4-6)。顶部为薄层细晶白云岩，逐渐过渡为矿石山组泥质粉砂岩和页岩(图 4-7)。

大窝坑组与矿石山组界线观察点。大窝坑顶部为厚层白云岩过渡到薄层白云岩，矿石山组底部为约 10 m 厚的黑色粉砂质页岩，之上为约 2 m 厚的铁矿层(神农架式铁矿)。

图 4-5　神农顶瞭望塔下乱石沟组顶部红层与紫红色砾岩(李东东供图)

图 4-6　大窝坑组微生物岩和柱状、锥状叠层石(李东东供图)

图 4-7　大窝坑组顶部白云岩及其与矿石山组的界线(李东东供图)

矿石山组厚约 265 m,底部为约 10 m 厚的灰黑色薄层状粉砂质页岩,向上过渡为约 2.5 m 厚的铁矿层。上覆灰色厚层泥晶、细晶白云岩,中上部出现厚层紫红色砂屑白云岩。该组叠层石丰富,发育波状叠层石、锥状叠层石和各种类型的柱状叠层石和大型叠层石礁(图 4-8)。矿石山组顶部出现明显沉积间断,发育几厘米厚的风化壳,与上覆地层台子组为平行不整合接触关系(图 4-9)。

图 4-8　矿石山组大型柱状叠层石(李东东供图)

台子组厚约 385 m,仅为台子组的第一段。底部为中厚层细晶白云岩,发育小型柱状叠层石,之上为约 5 m 厚的瘤状灰岩(图 4-10)。瘤状灰岩顶部为薄层泥岩粉砂岩,被巨厚的辉

图 4-9　矿石山组与台子组之间古风化壳与平行不整合接触关系(李东东供图)

绿岩脉侵入。岩脉之上为巨厚的由粗砂岩、细砂岩、粉砂岩和黑色泥岩/页岩组成的韵律层(图 4-11)。自下而上,韵律层中粗颗粒的砂岩比例减少,细颗粒的粉砂岩和泥岩增多。中上部基本为含钒、镍黑色碳质页岩,页岩中普遍含黄铁矿夹层或结核。

图 4-10　台子组底部柱状叠层石白云岩和上覆瘤状灰岩(李东东供图)

在神农谷、神农顶周边,还可见新元古界辉绿岩墙群(Pt$\beta\mu$)。其岩性为辉绿岩和辉长岩,普遍呈岩脉、岩墙产出,形成于 770 Ma 左右,与罗迪尼亚超级古陆裂解时间一致,可能跟古陆裂解构造背景相关。此外,中元古代具气孔-杏仁构造的拉斑玄武岩,通常为裂谷初期的产物,代表了伸展构造环境,也进一步证实了岩墙群与罗迪尼亚超级古陆裂解有关。

图 4-11　台子组第一段砂页岩韵律层(李东东供图)

2. 神农顶期夷平面

神农顶及杉木尖、大神农架、大窝坑、金猴岭、小神农架 6 座山峰海拔都大于 3000 m(图 2-7),其两侧海拔 2000 m 以上的高脚岩、兰英寨、小界岭、大界岭、猴子石、雨帽尖、老君山、太阳坪等山峰东西向展布,构成了长江与汉江的分水岭(图 4-12)。其北侧为汉江一级流域,阴峪河、官渡河向西北流淌,经堵河汇入汉江,形成汉江丹库以上二级流域片区;南河则向东北流淌,与苦水河相汇后从谷城县入汉江,属于汉江中游二级片区。其南侧为长江干流一级流域,香溪河、南阳河、沿渡河(神农溪)、平定河形成南北向梳状水系,最终都注入到长江,构成三峡库区二级流域片区。

神农架在构造地貌上的意义不止于此,它还是最高一级夷平面的残余,见于大神农架、神农顶、猴子石和老君山一带,故被称为神农顶期夷平面。该期夷平面海拔范围为 2800～3100 m,比第Ⅱ期八王寨期海拔高出近 400 m。

3. 大九湖岩屋坪剖面

岩屋坪位于大九湖盆地最东端分水岭之外约 2 km 的公路处,主要出露寒武纪地层(图 4-13)。其地层序列如下。

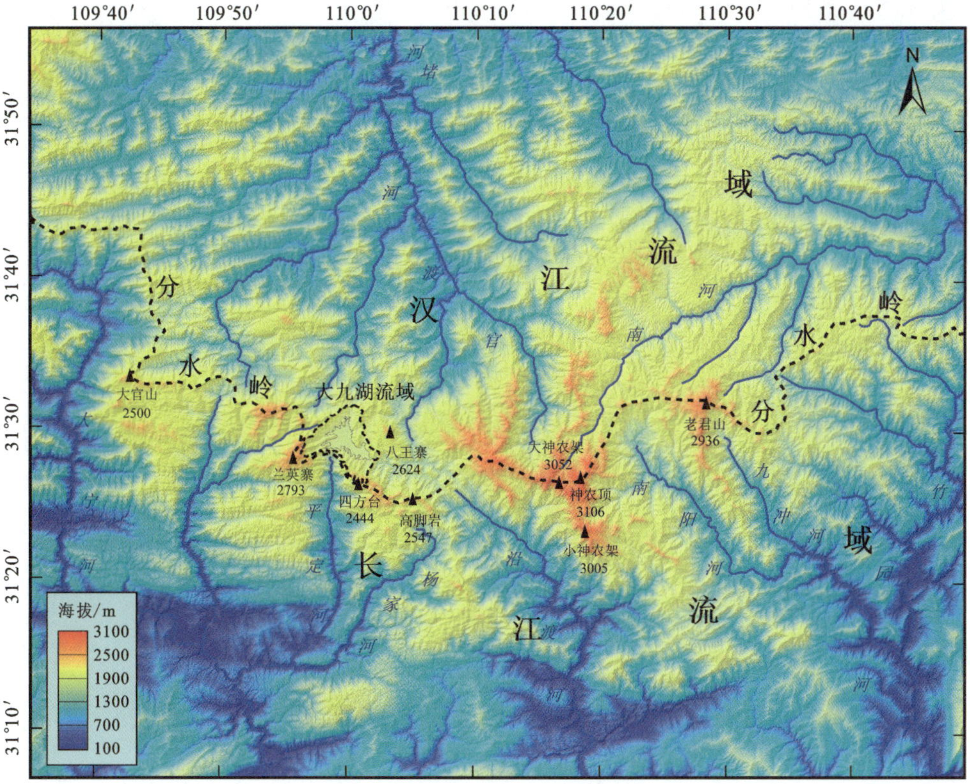

图 4-12　神农顶期夷平面与长江-汉江流域分水岭

上覆：下奥陶统南津关组(O_1n)浅灰色厚层状灰岩夹鲕状生物碎屑灰岩。

——————整　合——————

上寒武统：娄山关组(Є$_3$O$_1$$l$)

13. 灰白、灰色中厚—巨厚层状细晶白云岩　118.02 m

12. 浅灰、深灰色中厚层状白云岩，夹砂糖状白云岩　44.39 m

11. 浅灰、灰色中厚—厚层状细晶白云岩；顶部具缝合线构造　98.72 m

中寒武统：覃家庙群(Є$_2$$q$)

10. 杂色薄层状粉砂质白云岩　126.33 m

9. 深色、灰白色厚层状白云岩(角砾状白云岩)　28.38 m

8. 灰白、深灰色薄—厚层状细晶白云岩　14.28 m

7. 灰白色中厚层状泥质白云岩、灰质白云岩　22.39 m

下寒武系统：石龙洞组(Є$_1$$sl$)

6. 灰白、深灰色中厚层状白云岩夹白云质灰岩　36.02 m

5. 深灰带黑色薄—中厚层状细晶白云岩　28.40 m

4. 深灰色中层—巨厚层花斑状白云岩化灰岩夹透镜状、鲕状灰岩　33.54 m

下寒武系统：天河板组(Є$_1$$t$)

3. 灰色花斑状白云岩质灰岩，夹竹叶状灰岩；顶部为页岩夹灰岩　50.04 m

2. 灰色泥质条带状白云岩质灰岩，中部为页岩夹灰岩　48.75 m

1. 灰色条带状粉砂岩夹透镜状、薄层状微晶灰岩　15.13 m

未见底

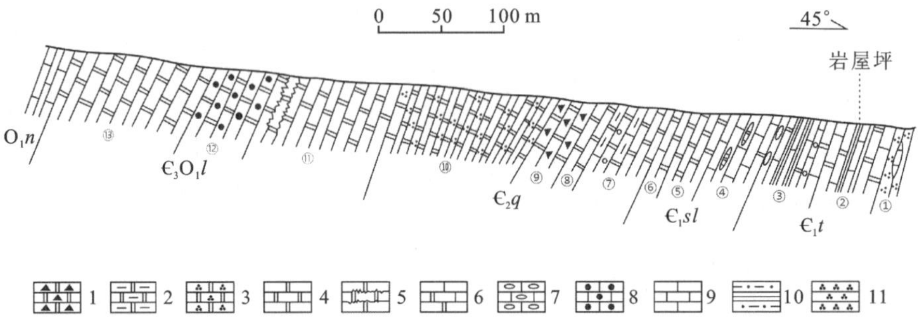

1. 角砾状白云岩；2. 泥质白云岩；3. 粉砂质白云岩；4. 白云岩；5. 具缝合线构造白云岩；6. 灰质白云岩；7. 竹叶状灰岩；8. 鲕状灰岩；9. 灰岩；10. 砂质页岩；11. 粉砂岩

图 4-13　神农架大九湖岩屋坪寒武系实测剖面示意图

（修改自 1∶20 万 H-49-C 001002 神农架林区幅区域地质报告）

五、思考与讨论

1. 神农架群的岩性组合特征、构造活动对该区域的地貌格局形成有何作用？

2. 神农架与三峡地区的新元古界有哪些区别与联系？

第二节　河流与岩溶地貌观察

一、教学路线

木鱼镇—神农谷—板壁岩—大九湖。

二、教学任务及要点

(1)观察神农架群大窝坑组(Pt_2dw)、矿石山组(Pt_2k)的岩性与岩溶发育特征。

(2)观察并描述大九湖九灯河的冲积物岩性特征与阶地地貌。

(3)观察大九湖盆地北部的落水洞形态，分析其成因类型。

三、实习要求

(1)需携带罗盘测量岩层产状、断裂构造走向和叠瓦状排列砾石的倾向。

(2)需提前复习构造地质、地貌学及第四纪地质学相关内容。

四、路线内容及观察点

1. 木鱼镇天生桥

岩溶作用是指地表水和地下水对可溶性岩石进行化学溶蚀的作用过程，有时流水机械侵蚀和重力崩塌起到辅助作用。这一作用过程中岩石的可溶性和水的溶蚀能力至关重要。在神农架地区，碳酸盐岩地层分布广泛，如神农架群中的白云岩、保存良好的叠层石，以及呈盖层状分布的寒武系白云岩，奥陶系、二叠系、三叠系灰岩。神农架地区水的溶蚀能力：神农架的年降雨量可达 1600～2200 mm，地表水量丰沛，但高山深谷的排水能力极强，导致地表水滞留时间较短，这对岩溶发育又是不利的。

岩溶作用过程具有阶段性，常被总结为幼年期—壮年期—老年期的岩溶旋回。幼年期以地表岩溶为特征，发育溶沟、石芽和漏斗等地貌。壮年期垂向岩溶作用加强，落水洞、溶蚀洼地、盲谷广泛出现，大部分地表水通过落水洞被吸入地下；地下岩溶洞穴发展扩大，顶板塌陷，许多地下河由暗转明，两侧形成坡立谷。而老年期又几乎都是地表水系，形成有孤峰的岩溶平原。因此，常用岩溶地貌单元及组合来判断岩溶发育所处的阶段。

木鱼镇的岩溶发育阶段属于壮年期。该镇位于神农架南坡、长江一级支流香溪河的源头，海拔 1200 m 左右。其周边的碳酸盐岩主要有神农架群石槽河组(Pt_2s)、震旦系灯影组($Z_2Є_1d$)的白云岩，寒武系水井沱组($Є_1s$)、石牌组($Є_1sp$)的较纯灰岩，其中最著名的当属天生桥景区。

天生桥位于黑水河与黄岩河交汇处，桥高约 120 m，“桥洞”实际上是一个穿透型的喀斯特溶洞(图 4-14)。其西侧南沱组冰碛砾岩因不溶成为隔水层，于是东侧石槽河组白云岩被快速溶蚀，逐步扩宽形成了溶洞。再加上新构造的快速抬升，黄岩河谷形成纵向陡坎，河水飞流直下，形成声势浩大的瀑布。瀑布之下的水流冲击尤为强烈，形成了深潭和壶穴，并无沉积物。

图 4-14　神农架木鱼镇天生桥溶洞(a)及黄岩河(b)(2020 年 8 月拍摄)

2. 神农谷石林

鉴于神农架地势高耸、降水丰沛，多形成强烈下切的“V”字形峡谷地貌，如阴峪河大峡谷、神农谷、金猴飞瀑等。深切峡谷往往具有高陡的基岩边坡和缺乏沉积物的谷底，同时也伴随着崩塌、滑坡等重力地貌作用过程。

衡量“V”形谷的发育程度，一般用地面切割深度和河流坡降来综合判断。地面切割深度是指分水岭与局部侵蚀基准面（临近平原或水域）之间的高差。在神农架北坡，以丹江口水库（常年蓄水位高程 157 m）或汉江水位（襄阳段常年水位 65 m）作为基准面，北坡的切割深度为 2950～3040 m。在南坡则以三峡水库（常年蓄水位 175 m）或江汉平原（平均高程 27 m）作为基准面，切割深度为 2930～3040 m。因此，从切割深度来看，神农架南、北坡差异不大，但河流坡降有明显区别。以共同发源于板壁岩（海拔 2590 m）的阴峪河、沿渡河为例，北坡阴峪河的径流全长 245.6 km，平均坡降约 9.9‰。南坡沿渡河流经 54.6 km 后注入三峡水库，平均坡降 44.2‰。由此可见，南坡的谷底更陡，流水下蚀作用远大于北坡，峡谷更深，陡崖更高。

因而赋有壮丽景色的高山深谷多见于南坡，如怪石嶙峋的神农谷、神农洗药的香溪源、老君炼丹的九冲河等。其中最负盛名的神农谷，毗邻神农顶，从观景台至下谷坪乡落差达 2100 m，谷底仅长 9 km，坡降 233.3‰，下蚀作用极为强烈。再加上重力崩塌和寒冻风化作用加持，最终雕塑出今天的石林奇峰（图 4-15）。

需要强调的是，此石林非岩溶性石林。尽管此地神农架群石槽河组的白云岩具有一定可溶性，但流水下蚀、重力崩塌才是塑造石林的主因，岩溶作用的影响反而居次了。

图 4-15　神农谷石林景观

注：图片来自《神农架国家公园体制试点建设白皮书》（2017 年），国家公园管理局，2017。

3. 板壁岩石芽

按岩溶作用的阶段性，幼年期岩溶在神农架分水岭上分布广泛，具体表现在地表以溶沟、石芽为主，其中最典型的是板壁岩石芽。板壁岩位于神农顶以西 4.2 km，出露神农架群矿石山组(Pt_2k)，岩性为含叠层石的白云岩。白云岩层因褶皱而产状陡立，流水沿岩层面和节理不断溶蚀，再经寒冻冰劈作用的助长形成了的石芽群(图 4-16)。这种石芽群在南天门等地也有分布。

图 4-16　神农架板壁岩的石芽群

注：图片来自《神农架国家公园体制试点建设白皮书》(2017 年)，国家公园管理局，2017

4. 大九湖九灯河冲积层

大九湖盆地的形态非常特别，呈等边三角形，南侧和西北侧山脉平直，东侧山脉略向内凹(图 4-17)。这一形态属于典型的构造地貌，由向南西倾伏的“直立倾伏褶皱”所控制。南侧和西北侧两条平直的边为褶皱两翼，由志留系新滩组(S_1x)、罗惹坪组(S_1lr)、纱帽组($S_{1\text{-}2}s$)砂岩构成；核部寒武系—奥陶系灰岩因褶皱挤压而增厚。东侧由寒武系水井沱组($Є_1s$)、石牌组($Є_1sp$)的转折端构成第三条边。不仅如此，盆地周边的坡面沟谷地貌也因岩性差异而不同。褶皱两翼岩性一致并且保持对称，坡面上发育梳状水系。每一条“梳齿”即一条平直沟谷，每一条沟谷两侧发育出近对称的羽状冲沟(图 4-17)。沟口形成略微凸起的冲洪积扇，相互间等距，在过去是难得的居住和屯兵场所，故而“三字号”至“九字号”沿山前一字排开。但东边有所不同，它受转折端地层增厚的影响，水系以峰顶为中心呈放射状。

盆地底部有两套水系，一为黑水河，一为九灯河。黑水河源自四字号呈北西流向，现今多淹没于湖水之下或隐没在泥炭地之中。依次排号的九个湖泊沿其主河道分布，在某些浅水位置仍可见到古河道的河曲。九灯河与九道河，位于老龙脊南北两侧。九道河下游被水渠引入养鹿场以南并最终注入 5 号湖。目前仅九灯河的原始河道得以保留，蜿蜒于盆地北侧(图 4-17)。

九灯河上游河床平直，下游呈河曲状，但都具有典型的二元结构。在九灯河上游的冲积层剖面上(图 4-18)，下部为河床亚相砾石层，砾石成分多为灰岩、白云质灰岩，呈次棱角的扁

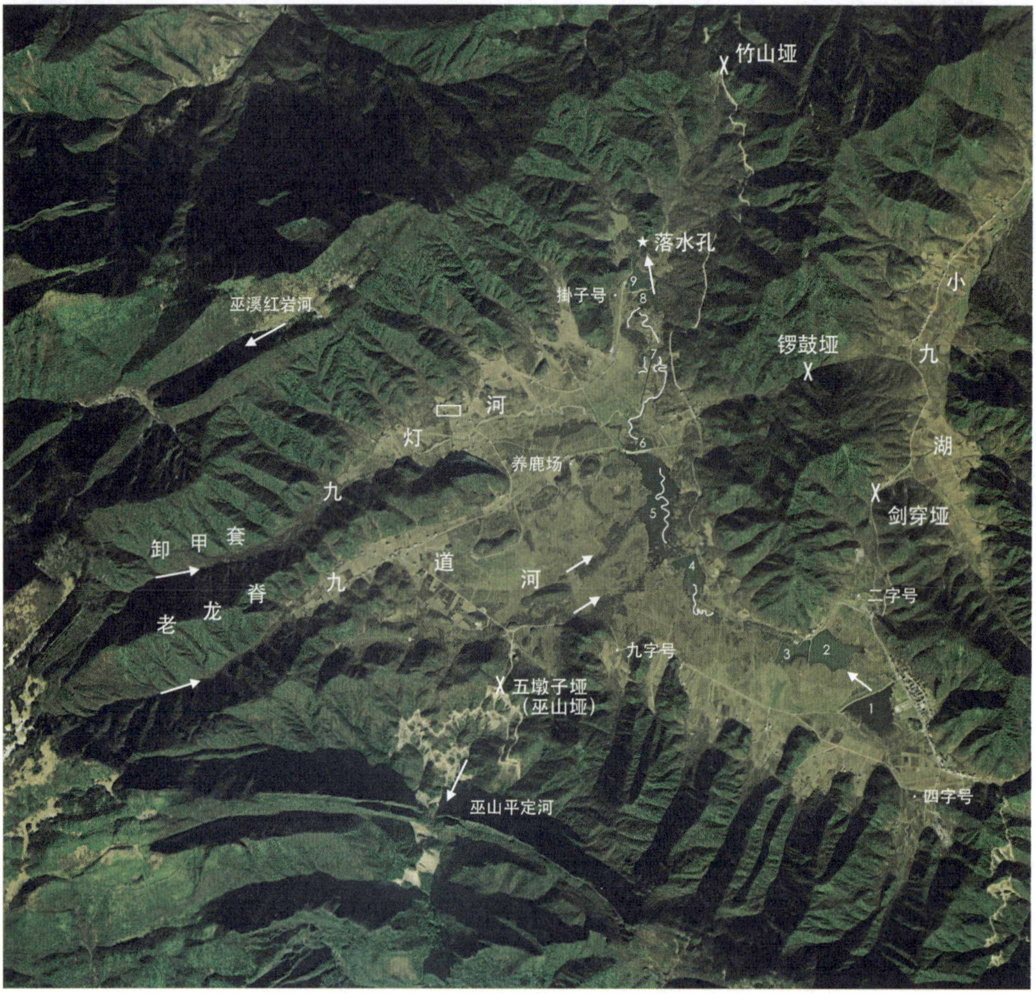

图 4-17　大九湖遥感影像图

注：底图来自高德卫星，部分地名与楼桐茂(1942)相同

平状；下层砾径多为 5～20 cm，向上逐渐变细，叠瓦状排列逐渐消失。上部为厚度均一的黄褐色粉砂、泥质粉砂层，属于稳定的河漫滩亚相沉积环境。顶部还存在一些不完整的由粗变细的旋回层序，说明水位变化频繁。根据卸甲套一带农户挖井的记录，该区地下水潜水面埋深约 2 m，其下为灰黑色不透水的湖相黏土层(何报寅等，2007)。

九灯河中游发育了两级河流阶地，其中 T2 阶地临近沟口，高出 T1 阶地 4 m 左右；阶地前缘的剖面可见砾石的叠瓦状排列(图 4-19)。下游则发育成曲流河，剖面砾石呈透镜状，或彼此相接，或被连续沉积的粉砂质相隔，属于典型的槽状层理(图 4-20)。

5. 大九湖岩溶与落水洞

由于直立倾伏褶皱核部的寒武系—奥陶系灰岩、白云岩具有可溶性，再加上亚热带季风气候区的年降水丰沛，大九湖的地表岩溶和地下岩溶都很发育。

图 4-18　九灯河上游的冲积层及二元结构(镜头方向 S,2020 年 8 月拍摄)

图 4-19　九灯河中游 T2 阶地的砾石叠瓦状排列(镜头方向 NW,2020 年 8 月拍摄)

地表上最显而易见的是顶部浑圆的岩溶孤峰,在盆地中心和边缘都有分布(图 4-21)。一方面岩溶发育,另一方面沉积物快速填充盆地导致这些山峰与山脊隔开,形成孤峰,但底部基岩仍然相连。同时也说明盆地内的松散堆积层与基岩之间的接触界面高低起伏,并随着岩溶作用过程而不断变化。

落水洞是地表水流入地下的进口,在地表呈现为漏斗状,在地下则与暗河相通,成为地表与地下溶洞之间的垂直通道(图 4-22)。在地下水循环流畅的地区,初始阶段水沿碳酸岩的岩层面或节理进行溶蚀,其中垂向裂隙溶蚀更快形成孔洞。当孔洞扩大以后,地表水汇流于此,携带大量泥沙往下倾泻并对洞壁进行快速磨蚀,从而使孔径迅速扩大,形成了落水洞。有时地下溶洞的重力崩塌,也可使落水洞进一步扩大。

图 4-20　九灯河下游的槽状层理(镜头方向 SE,2020 年 8 月拍摄)

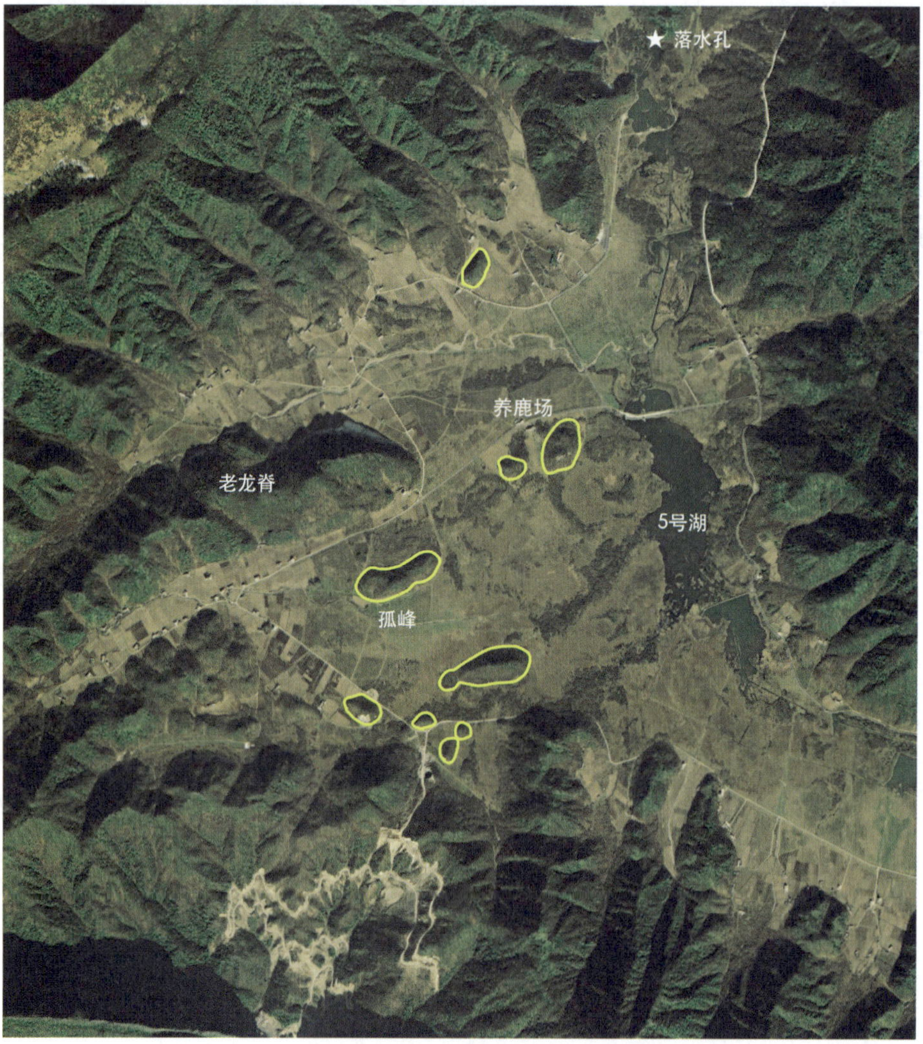

图 4-21　大九湖盆地内的岩溶孤峰(底图来自高德卫星)

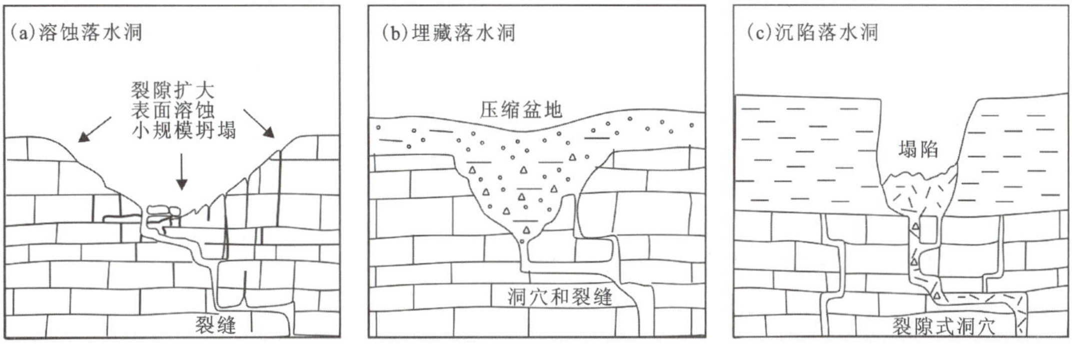

图 4-22　神农架大九湖的主要落水洞类型(修改自韩行瑞,2015)

落水洞在神农架地区十分常见,其中又以大九湖最为典型。据 2007 年大九湖自然保护区综合科学考察统计,大九湖的落水洞达 41 处,主要分布在盆地的西北缘。百年前楼桐茂先生绘制的"涵池",所指可能就是其中之一。这些位置的岩层倾斜,流水沿层面快速溶蚀形成一系列近平行的溶蚀管道,最终导致盆地西北缘的落水洞呈串珠状排列。

这些落水洞的成因主要有两种,一种是基岩裂隙溶蚀并扩大成落水洞[图 4-22(a)],主要分布在 7～9 号湖西北侧。它们的地表形态呈圆形或椭圆形,判别标志是基岩出露,底部也是岩块或粗碎屑(图 4-23)。第二种是被湖沼相沉积掩盖的埋藏型落水洞[图 4-22(b)],仅在地表显露凹陷或压缩盆地,主要分布在四字号、九字号等平坦之处。在盆地边缘,由于冲洪积物的松散性和透水性,这些落水洞的排水并未受到影响。但在盆地中心,其底部的湖相黏土将基岩裂隙阻塞,当上覆静水压力积累到一定程度时才快速贯通,形成沉陷型落水洞,属于小规模的地质灾害[图 4-22(c)]。

在大九湖,九灯河、黑水河的前方没有出口,经最北端的落水洞潜入地下(图 2-15),称之

图 4-23　大九湖 8 号湖西侧的基岩溶蚀落水洞(镜头方向 N,2020 年 8 月拍摄)

为“盲谷”。这些水汇入地下暗河后，又从竹山县柳林乡洪坪村罗汉洞河显露出来（图 2-17），水流量达 800L/s，属于典型的“断头河”。

五、思考与讨论

1. 神农架至大九湖沿线岩溶地貌类型有何差异性？
2. 大九湖落水洞的分布特征与基岩岩性有何内在联系？
3. 大九湖三角形的岩溶盆地如何形成与演化？

第三节　土壤剖面观察

一、教学路线

天生桥—神农顶—大九湖。

二、教学任务

（1）观察并描述神农架不同海拔土壤分带性。
（2）观察山地黄棕壤、棕壤、暗棕壤、草甸土和泥炭土剖面分层特征。
（3）测试各土壤类型主要物理化学参数。
（4）对比水成土（泥炭土）与矿质土壤成土条件和剖面特征。

三、实习要求

（1）需携带的器具和仪器包括挖土铲、卷尺、土壤温度计、土壤湿度计、土壤 pH 计、采样袋（封口袋）、地质锤、环刀、记录本、相机、削土刀。

（2）需要提前对《土壤学》或《土壤地理学》内容进行复习，了解土壤的基本物理化学属性和剖面特征，并在室内提前熟悉各仪器的使用方法。

（3）室内实验室需要提前准备的仪器和化学药品包括台式 pH 计、蒸馏水或超纯水、KCl 固体、烘箱、量程大于 500 g 的电子秤或天平。

四、教学内容

1. 山地黄棕壤

山地黄棕壤是神农架土壤垂直分带中重要的组成，在土壤系统分类中为铁质湿润淋溶土（图 4-24），主要出现在神农架海拔为 600～1500 m 的地段，其所处的海拔相对于红壤要高，对应的温度更低，年平均温度为 9～15 ℃，但年平均降雨量更大，为 1200～1800 mm。植被以喜暖湿的落叶阔叶林为主，包括茅栗、槲栎、黄连木和小叶女贞等。

在天生桥（海拔 1450 m 左右）的砂页岩上发育有山地黄棕壤（李学垣等，1989）。山地黄棕壤主要的成土过程为黏化淀积过程，土壤颜色呈黄棕色，土体构型为 O-A-Bt-C 型。土壤以黏粒为主，质地较为黏重。土壤黏土矿物主要为水云母，其次为蛭石和高岭石。土壤剖面表层以团粒结构为主，淋溶层和淀积层为块状结构。山地黄棕壤盐基饱和度一般大于50%，土壤 pH 在5.0～6.0之间。

图 4-24　山地黄棕壤剖面（杨兰芳供图；页岩坡积母质；汪正祥，2017）

2. 山地棕壤

神农架土壤垂直分带中的山地棕壤发育在海拔1500～2200 m之间（图4-25），年平均温度范围为6～9 ℃，年平均降雨量为1600～2200 mm，植被主要为米心水青冈、山毛榉、锐齿栎、巴山松、槭树、华山松、亮叶水青冈等组成的针阔混交林。在中国土壤系统分类中为简育湿润淋溶土。在梅花鹿养殖场（海拔1600 m，31°25′50.6″N和110°21′43.7″E）页岩母质、天门垭（海拔2156m，31°41′53.9″N和110°26′47.9″E）页岩坡积物母质、关门山内部（1610m，31°25′24.8″N和110°21′21.7″E）砂页岩坡积母质上均发育有山地棕壤剖面（汪正祥，2017）。

山地棕壤相对于山地黄棕壤来说，发育的海拔更高，温度变低，降雨量更大。与黄棕壤的成土过程类似，主要以黏化淀积过程为主，脱硅富铝作用较弱。土壤黏土矿物主要为1.4 nm

过渡矿物，其次为水云母、绿泥石和高岭石。土壤颜色为棕色（10YR），土壤表层相对于黄棕壤有更多的有机质富集。剖面土体构型为O-A-Bt-C型，以黏粒为主，质地黏重。山地棕壤主要诊断特征为较厚的黏化淀积层（Bt），富集黏粒。表层为团粒结构而淀积层主要为块状结构。土壤pH也在5.5～6.5之间。

图4-25　山地棕壤剖面（杨兰芳供图；砂岩坡积母质；汪正祥，2017）

3. 山地暗棕壤

神农架土壤垂直分带中的暗棕壤与黄棕壤、棕壤都属于淋溶土，发育在海拔为2200～2900 m的阴坡或者山顶（图4-26），对应的年平均温度为0～5 ℃，湿度大，年平均降雨量为2200～2600 mm，冰冻期较长。在神农架神农谷顶部（碳酸岩残积坡积母质，海拔2899 m，31°26′31.1″N和110°16′31.1″E）、百草冲（灰岩母质，海拔2198 m，31°40′29.6″N和110°20′42.7″E）可见较好的暗棕壤剖面（汪正祥，2017）。植被类型主要为冷杉和槭类混交林或箭竹-冷杉林。在中国土壤分类系统中属于简育冷凉淋溶土。

山地暗棕壤成土过程与棕壤和黄棕壤类似，以黏化淀积过程为主，脱硅富铝化作用很弱，但由于气候更为冷湿，表层有机质相对更为富集，使得土壤出现暗沃表层的诊断特征，颜色更黑。土壤颜色为棕色至深棕色（10YR），亮度较暗。土壤0～5 cm内以枯枝败叶和半分解物为主，少见土壤黏粒。土壤的土体构型为O-Ah-Bt-C型，土壤黏粒为主，质地为壤土或者黏壤土。土壤矿物组成与棕壤类似。土壤剖面表层至腐殖质层为团粒结构，而淀积层为块状结构。土壤pH一般为4.5～5.5之间。

图 4-26　山地暗棕壤剖面(杨兰芳供图;碳酸盐残坡积母质;汪正祥,2017)

4. 山地草甸土

神农架山地草甸土主要分布在海拔 2300 m 以上地势较为平缓的阳坡坡顶或为山间盆地,为森林郁闭线以上草甸植物下发育的土壤(图 4-27),主要植物类型以苔草、禾草和一些宽叶草本植物占优势。温度较低,湿度较大。此外,在一些旅游路线周边,如板壁岩(碳酸岩残积母质,海拔 2638 m,31°27′30.1″N 和 110°13′23.3″E)、神农谷周边和神农鼎下面一带也发育有山地草甸土(汪正祥,2017)。

山地草甸土在中国土壤系统分类中被归类为简育湿润均腐土,在我国也曾被称为“草毡土”,具有暗沃表层和均腐殖质特性。土壤表层草根交织在一起形成草皮层,其主要的成土过程为腐殖质的累积过程,剖面土体构型为 Ah-AB-B-C 型。腐殖质呈黑色,土体颜色发黑,具有呈舌状腐殖质下渗的灰棕色过渡层。土壤剖面上层为团粒结构。土壤主要矿物类型为水云母,其次为少量的高岭石和蛭石。土壤 pH 为 4.5～5.5。

5. 泥炭土

泥炭土是土壤经历沼泽化,在植物有机质堆积速率大于降解速率条件下形成的以有机质为主的土壤类型(图 2-6),在中国土壤系统分类中属于有机土,在发生学分类上属于水成土纲的泥炭土。神农架大九湖盆地发育有厚层的泥炭土,为湖泊经过沼泽化逐渐形成的。泥炭土的土壤剖面构型为 H-G 型,由泥炭层和潜育层构成,在大九湖湿地馆中可见到完整的泥炭土

图 4-27 山地草甸土剖面(杨兰芳供图;碳酸盐残坡积母质;汪正祥,2017)

沉积柱。泥炭层 H 层由不同分解程度的纤维、半纤维状有机物组成,颜色为黑色和黑棕色;G 层长期位于泥炭水位之下,处于还原状态。土壤质地以壤土或黏土为主。大九湖泥炭土的 pH 值一般在 4.6~6.0 之间。

五、思考与讨论

1. 神农架垂直地带性土壤形成的影响因素有哪些?这些因素在土壤的形成发育过程中发挥了什么作用?

2. 对比神农架土壤的垂直地带性与我国东部不同纬度带土壤分带性的异同,并分析造成这些异同的原因。

3. 泥炭的形成是一个不断加积的过程,不同于矿质土壤,那为何泥炭被归为土壤?你认为大九湖能形成泥炭的主要原因是什么?

第四节　土地利用现状调查

一、教学路线

基地—4 号湖—养鹿场—巫山垭—基地。

二、教学任务

(1)了解无人机制图原理。
(2)掌握土地利用现状调查的野外、室内工作方法。
(3)能够熟练使用 ArcGIS 软件,独立完成土地利用现状图的绘制与整饰。

三、实习要求

(1)了解无人机操作的基本流程。
(2)复习第 3 章无人机数据采集与处理内容。
(3)注意观察、记录沿途土地利用情况。

四、教学内容

1. 大九湖土地利用历史

近 80 年来大九湖湿地经历了多次人为扰动,土地利用格局发生了较大变化。20 世纪初大九湖地区还是荒无人烟,到了 20 世纪 40 年代初该地人口数逐渐增加。近几十年来,大九湖湿地前后经历了 3 次较为剧烈的开发活动。从建国初期到 1986 年,人们开始疏挖落水孔,扩大盆地泄水能力,并一定程度上扩大了耕地面积用于中草药特产品种植,牧场面积也有所增加。1986—2001 年,政府实行开沟排水工程,对盆地内天然河道进行裁弯取直,开通南北向的主干渠,并进一步疏通了落水孔,建立了大量的人工草场。从 2002 年开始大九湖乡政府极力招商引资,允许开垦盆地内沼泽地作为高山无公害蔬菜种植基地。以上开发活动使得大九湖湿地遭到严重破坏,湿地面积急剧减少。2006 年 6 月大九湖国家湿地公园建立,从 2008 年开始启动了"大九湖湿地保护与恢复及公园建设工程",包括大九湖湿地保护与恢复、基础设施建设、旅游开发、生态移民搬迁等一期工程建设。2010 年 11 月,湿地恢复一期工程全部完工,并通过了省级验收。湿地自然保护区内农田基本上已经被其他土地利用类型所取代,生态系统正向健康的方向发展。

2. 图像解译

土地利用现状调查即查清一个区域内各种土地利用类型位置分布及面积等情况。本次野外实习选取大九湖湿地进行土地利用现状调查。调查前利用高分辨率影像或者无人机影像制作实习区的工作底图(图 4-28)。

初步解译的主要任务是到实习的区域进行野外考察,掌握解译区域特点,确立典型解译样区,建立目视解译标志,探索解译方法,为全面解译奠定基础。

1)解译标志建立

根据前期调研,大九湖湿地土地覆盖类型较多,以草甸、林地、沼泽为主,此外,还分布着建设用地及湖泊、河渠等。因此,本实习拟将大九湖湿地分为草甸、林地、水体、沼泽、建筑用地等地类,并建立实习区地物解译标志(表 4-1)。

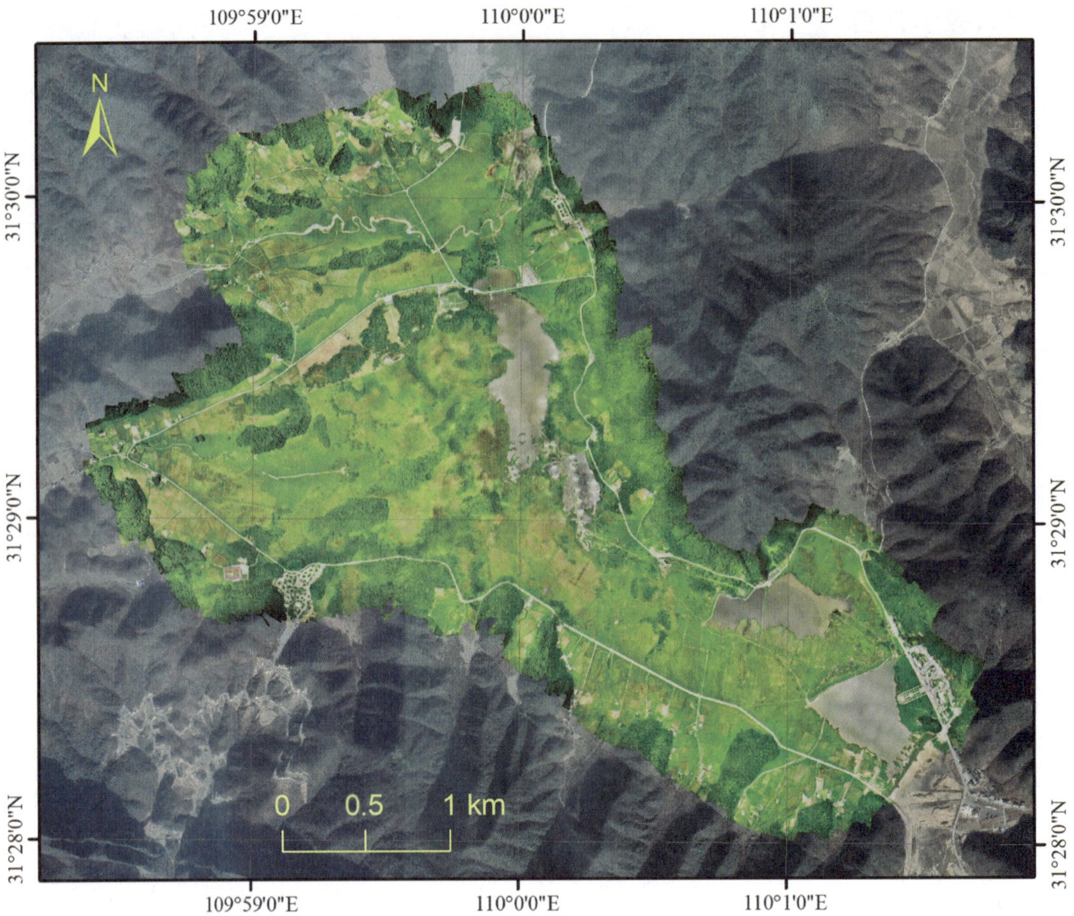

图 4-28 大九湖湿地无人机正射影像图

表 4-1 主要土地利用类型解译标志

一级类	二级类	遥感影像特征	解译标志 1	解译标志 2
草甸	旱生草甸	影像整体呈现出深绿色，主要沿道路分布		
	中生草甸	影像整体呈现出灰绿色		

续表 4-1

一级类	二级类	遥感影像特征	解译标志 1	解译标志 2
水体	湖泊	整体呈现出规则深蓝色，有少部分区域呈现出白色		
	河渠	整体呈现出中紫色和灰色，线状不规则		
沼泽	湿生草本沼泽	整体呈现出棕红色，轮廓模糊		
	湿生泥炭沼泽	整体呈现出灰绿色和浅绿色，轮廓模糊		
建筑用地	建筑物	整体呈现出棕色、淡银色或蓝色，少部分呈现出红色		
	道路	整体呈现出线状灰白色，有少部分区域呈现出蓝色		
林地	林地	影像呈现出明显的斑点状深绿色	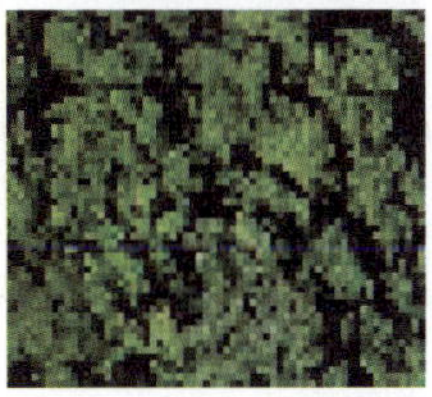	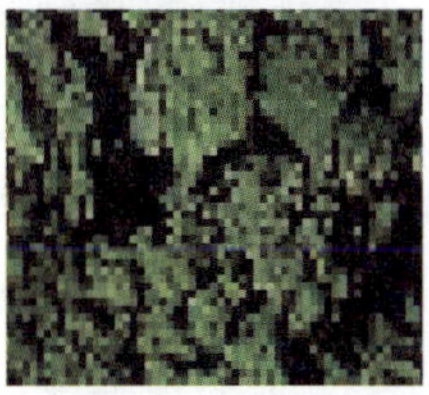

2)目视解译

由于在影像上各土地利用类型之间的边界较为模糊,监督分类或非监督分类等计算机分类方法难以取得较好的分类结果。因此,本次实习采用目视解译的方法,解译使用的软件为ArcGIS。根据建立的遥感图像解译标志,灵活运用直接法、对比法、邻比法、动态对比法和逻辑推测法等多种判读方法对实习区高分辨率影像进行解译。同时将目视解译结果以矢量的形式在 ArcGIS 软件中绘制,具体步骤如下。

(1)加载数据。打开 ArcGIS,加载高分辨率遥感影像与大九湖轮廓 shp 文件(图 4-29)。

图 4-29　加载影像操作界面示意图

(2)增加属性字段并开始编辑。右键矢量文件,打开表,添加地类字段(文本类型)。右键矢量文件,打开编辑器,并单击开始编辑,此时 shapefile 处于可编辑状态。

(3)绘制目视解译图斑。依据根据目视解译结果,在矢量文件上进行分割操作(图 4-30),形成草甸、林地、水体、沼泽湿地、建筑用地等一系列图斑,直到完成整个实习区的解译。

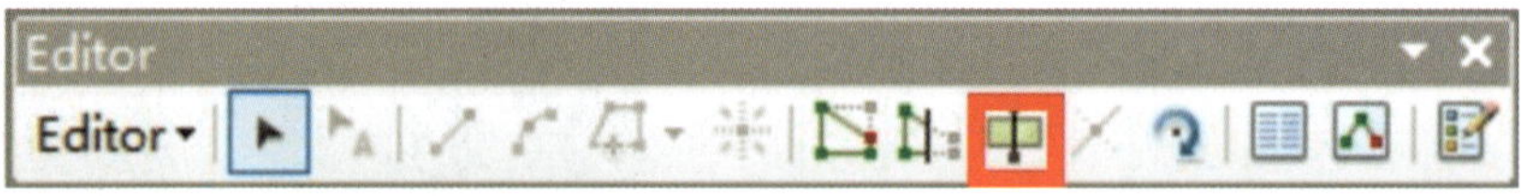

图 4-30　矢量文件的分割操作

(4)保存解译结果。保存编辑后的 shp 文件:"Editor"—"Save Edits"(图 4-31)。

3. 野外调查与验证

室内目视解译的初步结果需要进行野外验证,以检验目视解译的质量和精度。同时对于解译中出现的疑难点、部分歧义的地类边界等则需要在野外验证过程中补充解译。根据实习区范围,规划沿道路及栈道的野外调查路线。各小组按照既定路线进行解译成果的野外验证。野外验证过程中注意多拍摄具有地理标记的照片,可以直接将这些照片导入到 ArcGIS,叠加在解译成果上,从而方便后期的精度验证及错误地类边界修改。

4. 室内整理与报告编写

外业调查完成后,根据调查结果对先前解译提取的土地利用图斑进行修改,在此基础上制作土地利用分类图,并对图件进行整饰加工,绘制专题图图框、图例和比例尺等,形成可供出版的遥感解译专题图(图 4-32)。此外,完成土地利用统计汇总(表 4-2)及分类结果精度评估等。最后编写实习报告。

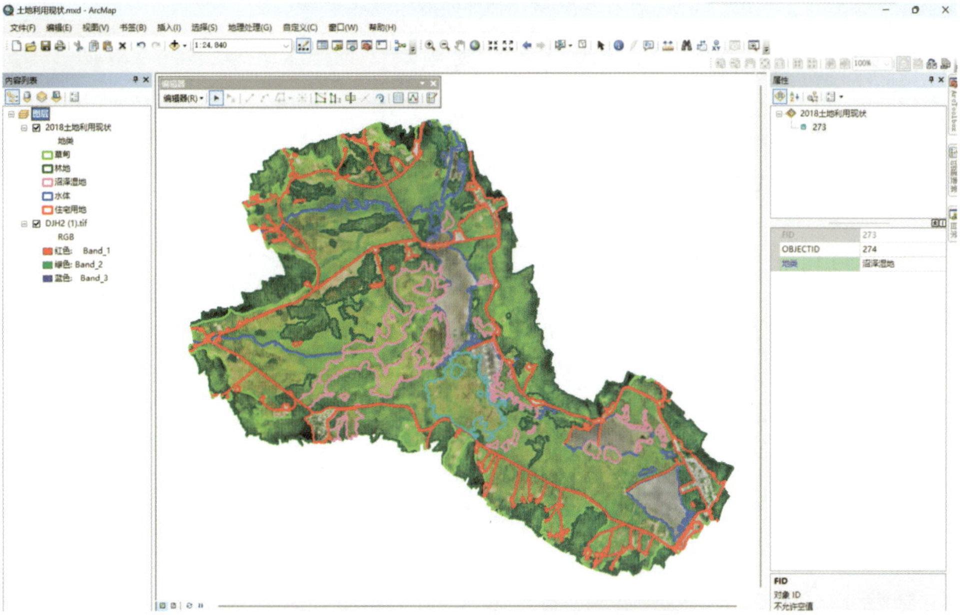

图 4-31　初步编辑后的矢量文件示意图

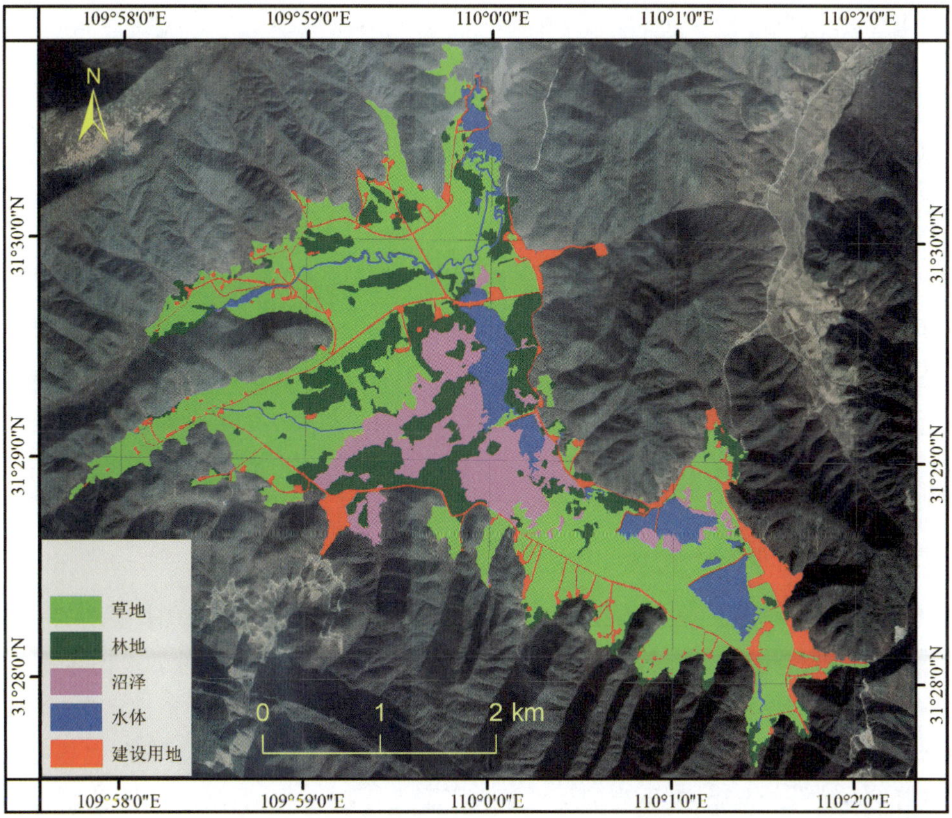

图 4-32　大九湖 2023 年土地利用分类图

表 4-2　大九湖湿地各地类面积及比例统计表

	草甸	林地	水体	沼泽湿地	住宅用地	合计
面积/km^2	4.87	3.87	0.84	1.14	0.55	11.27
占比/%	43.19	34.36	7.48	10.12	4.85	100

五、思考与讨论

1. 根据图 4-28，分析草甸、沼泽与湖泊水体之间的空间关系。
2. 对比不同时期的土地利用分布图，讨论大九湖湿地土地利用变化的主要影响因素。
3. 试分析大九湖湿地土地利用变化对生态服务功能的影响。

第五节　植被垂直分带观察

一、教学路线

天生桥—小龙潭—神农谷—大界岭。

二、教学任务

(1)观察并描述神农架植被垂直带谱特征。
(2)学习植物群落调查方法，并采集常见植物标本。

三、实习要求

(1)GPS、坡度坡向仪、望远镜、轮尺、皮尺、调查用表、调查用图、铅笔、粉笔或蜡笔、油性笔、记录本、采集桶(袋)、标本夹、高枝剪、放大镜、标本烘烤架、吸水纸、台纸、透明纸等。
(2)携带常用药品、防护服、安全用具。
(3)提前复习生态地理学课程相关内容。

四、教学内容

1. 常绿落叶阔叶混交林带(天生桥)

当海拔超过 1000m 时，随着海拔继续上升，楠木、栲树、栎树等常绿优势树种逐渐被锐齿槲栎和米心水青冈等落叶树种代替，因而形成了常绿和落叶树种混交林。以巴东栎林为例，一般分布在海拔 1800m 以下的山地，在下谷坪一带 1700m 海拔以下，常形成巴东栎为建群种的群落，林内较潮湿，树干上有时长满苔藓植物。群落外貌较整齐，林冠浑圆，总盖度 85%～95%，群落组成成分较复杂，在不同的生境条件下混生不同植物，乔木层常见巴东栎、米心水青冈、鹅耳枥、锐齿槲栎、漆树等。灌丛包括常绿杜鹃、木姜子、山梅花等。草本层有多种蕨类、鸡腿堇菜等。

2. 落叶阔叶林带(大界岭)

随着海拔继续上升至 1700 m 以上，常绿优势树种逐渐减少，红桦、野生漆树、锐齿槲栎、米心水青冈等落叶树种成为优势种，形成了落叶树种为优势种的落叶阔叶林带(图 4-33)。其中，红桦要求温凉、湿润的山地生境，常生长于中山向高山过渡地带，且红桦是一种忌风的喜光树种，因此迎风坡通常较少。野生漆树较喜温暖、潮湿生境，土层深厚肥沃，在有机质分解较好的石灰质土壤上生长良好，速度较快，在海拔 1600～1900 m 左右会形成以野生漆树为建群种的落叶阔叶林，由于群落生境较为阴湿，林下灌木和草本植物以较耐荫种类为主。锐齿槲栎较喜光，在温凉、湿润、排水良好的山地棕壤上生长良好，在海拔 1400～2000 m 多裸露基岩的山坡上，能形成一定面积的森林群落。米心水青冈分布于海拔 1500～2200 m 山坡中上部，为典型的暖温带树种，喜湿润气候，常在排水良好的山地粗腐殖质棕壤上生长良好，枯枝落叶层较厚。林冠较宽大，郁闭度达 0.5～0.9。

图 4-33 大界岭处的落叶阔叶林(2011 年 10 月拍摄)

3. 针叶阔叶混交林带(小龙潭)

小龙潭作为川金丝猴的“救助站”，主要豢养了自然种群中淘汰的公猴及老弱病残者，以扩大种群数量并保护其遗传基因的多样性。海拔为 2200～2600 m，坡度 10°～ 45°，年平均温度0～6 ℃，降水量 1600～2200 mm，无霜期 120～130 d，≥10 ℃积温 1500～2800 ℃，干燥度 0.21～0.41。据李亭亭等(2016)调查发现，乔木层优势种为巴山冷杉、红桦，主要伴生种为华山松、山杨、四蕊槭、五尖槭；灌木层优势种为箭竹和兴山五味子，主要伴生种为湖北花楸、湖北蔷薇、峨眉蔷薇、华中山楂；草本层优势种为抱茎风毛菊，主要伴生种为深山蟹甲草、落新妇、三脉紫菀、黑心蕨和松荫蓼。针阔混交林多生长在陡坡和陡壁上，对于山地水土保持十分有利。

4. 针叶林带-山地灌丛草甸带(神农谷)

神农谷主要观察针叶林和山地灌丛草甸(图 4-34、图 4-35)。针叶林指以四季常青的裸子植物乔木树种为建群种形成的森林群落，也形成混交林或散生于阔叶林中。它们对生态环境条件要求也各不相同，既有喜湿耐冷的耐荫树种，也有喜阳耐旱的树种。随着海拔继续升高，针阔混交林带中的红桦基本被巴山冷杉等针叶树种替代，形成针叶林带。巴山冷杉林在保护区海拔 2000 m 以上开始出现，海拔 2500 m 以上成林，海拔 2700 m 以上比较集中，形成大片或带状纯林，而且多生长在山头或山脊处。巴山冷杉系耐阴、耐寒、抗风、喜冷湿树种，树冠稠密，树干挺拔，郁闭度较大，可达 0.85。林下阴湿，枯枝落叶多，腐殖质分解一般或不良。

图 4-34　神农顶附近植被(2023 年 7 月拍摄，镜头朝东方，左前方最高处是神农顶)

当海拔继续升高至 3000 m，年平均温度低于 0 ℃，冬季长达 8 个多月，无霜期 80 d 左右，≥10 ℃积温 160～600 ℃，年降水量大于 2600 mm，风大云雾多，相对湿度 100%。优势树种巴山冷杉逐渐被粉红杜鹃、香柏、神农箭竹、野古草等灌丛和草本植物替代。粉红杜鹃、秃鸦杜鹃树干枝条上，附着生长的深厚苔藓植物、断头折枝树极多，呈现原始林面貌。其中，神农箭竹是神农架亚高山地区普遍生长的一种禾本科植物，也是中国特有的植物。神农架国家公园(候选区)内的大、小神农架及神农顶周围，是箭竹的王国，总面积达 3 万 hm^2。箭竹高 0.5～5 m，竿细长，粗 5～14 mm，橙黄发亮，坚实而柔韧，因古人用其做箭而得名。神农箭竹生于海拔 2800～3000 m 的冷杉林下或灌木丛中。

图 4-35　神农顶针叶林-亚高山灌丛草甸过渡带(2021 年 9 月拍摄)

灌木林植物盖度较低且海拔分布相对较高,针叶林植物盖度较高而海拔分布相对较低。粉红杜鹃和神农箭竹占优势的灌木林通常与巴山冷杉占优势的针叶林形成明显的林线。林线对温度、光照、土壤、积雪、菌根和植食动物等条件变化响应十分敏感。因此林线研究成为当前全球变化研究的热点方向之一。

5. 植被沿海拔梯度变化总体特征

沈泽昊等(2004)对神农架南坡植物群落多样性的海拔梯度格局调查结果显示,温带成分(主要包括北温带分布、东亚—北美间断分布、东亚分布及少量旧世界温带分布和温带亚洲分布)处于主导地位,但在海拔 1000 m 以下几乎与热带、亚热带成分势均力敌;热带、亚热带成分在整个区系中的百分比随海拔增加而减少,止于海拔 2800 m;而世界广布成分的比例始终维持在 10%以下,直至海拔约 2400 m 处,其比例攀升至 20%,并在亚高山地带达到最高值,约占 40%的比例;中国特有分布主要见于海拔 2000 m 以下的中山地带。

不同海拔样方中植物的科、属、种数,以及不同分类等级之间的数量比表明,无论科、属、种数、多样性大小顺序都是:常绿落叶阔叶混交林>常绿阔叶林>针阔混交林>落叶阔叶林>暗针叶林,并大致在海拔 1400～1500 m 达到峰值。自暗针叶林以上区系的物种丰富度大致随海拔上升而下降,在神农顶附近达到最低值。

五、思考与讨论

1. 神农架地区植物群落如何随海拔变化发生更替，主要受到哪些环境因子影响？

2. 神农架拥有着全球唯一保存完好的亚热带森林生态系统，其物种的丰富度和特有性在全球范围内罕见，其独特的生物多样性与哪些地理环境因子有关？

3. 在神农谷，局部地区内会镶嵌出现不同垂直带谱的典型物种，例如巴山冷杉林、箭竹林、亚高山草甸同时出现在一些斑块内，其控制因素是什么？

第六节 泥炭地微生物调查

一、教学路线

大九湖 2 号湖-4 号湖-5 号湖-6 号湖-养鹿场。

二、教学任务

(1)采集泥炭地表层样品并测试水环境因子。

(2)认识大九湖泥炭地常见硅藻属种及其生态指示意义。

三、实习要求

(1)哈希水质分析仪、剪刀、雨衣、雨鞋、自封袋、米尺、GPS、记录本、签字笔。

(2)泥炭地洼地易陷入需谨慎。

(3)学习泥炭湿地微体生物样品采集方法，认识主要优势属种。

四、教学内容

1. 硅藻调查

硅藻是单细胞真核微生物，也是种类最丰富的光合藻类，全球已发现的硅藻约有 16 000 多种，其中淡水硅藻约 8000 种。硅藻体长一般在 1～200 μm，由上、下两个硅质壳瓣组成，上、下壳瓣中间有一相连带相连。硅藻属于不等长鞭毛类这一大类群，这一大类群既有自养生物(如金藻)又有异养生物(如水霉)。硅藻细胞壁纹理和形态各异，但多呈对称排列，这种排列方式成为硅藻分类命名的重要依据。硅藻可分为中心纲和羽纹纲。中心纲呈圆形，辐射对称，壳面上的花纹自中央一点向四周呈辐射状排列，主要为浮游类型，在深水和富营养水体中常见，包括小环藻属和直链藻属等。羽纹纲呈长形或舟形，花纹排列两侧对称，表面有线纹、肋纹、纵裂缝(壳缝)，主要为附生和底栖类型，在浅水和沿岸生境中常见，包括舟形藻属、羽纹藻属等。泥炭湿地中以短缝藻属和羽纹藻属等羽纹纲硅藻占绝对优势。

硅藻在水体以及湿润土壤等环境中广泛分布，是重要的初级生产者，也是构成水生食物网的基础，对全球生物地球化学循环具有重要意义。目前绝大多数硅藻研究集中在海洋、湖泊和河流等水生生态系统，对泥炭地半陆生生境中硅藻多样性了解甚少。泥炭地是介于陆地与水生生态系统之间的过渡类型，在碳储存、水源涵养、生物多样性保护等方面承担着重要的生态功能。与河流和湖泊相比，泥炭地表层水文连通性差，可能会通过藓丘-洼地调控水位梯度间接影响硅藻分布。探究泥炭地硅藻属种组成和多样性，有助于深入认识泥炭地生物多样性，并为泥炭地生态环境保护和恢复策略提供指导。

1)样品采集

沿着泥炭藓藓丘到洼地的梯度采集样品，样品数量根据泥炭地面积和微生境差异性而定。在每个采样点，布置一个 10 cm ×10 cm 小样方，用剪刀剪下表层泥炭藓（上部 2～3 cm），用聚乙烯袋密封。现场使用 GPS 标定每个采样点的地理坐标（经度、纬度和海拔）。在采样点挖出 5～10 cm 直径小坑直至地下水出露，等待 30 min 水位稳定后，使用刻度尺测量水位埋深（water table depth，WTD），便携式多参数水质分析仪原位测量水温、电导率(conductivity)、pH 值和氧化还原电位（oxidation reduction potential，ORP）等常规理化指标。同时，采集约 500 mL 水样并带回实验室 4 ℃冷藏保存，用于氮磷营养盐、主要阳离子、溶解有机碳等理化指标测定，详见第五节。

为了解近百年来大九湖泥炭湿地环境变迁历史，采用俄式泥炭采样器采集约 50 cm 长、平行沉积方向的岩芯 2 根，其中 1 根样品进行^{210}Pb 和^{137}Cs 测年，确定沉积物年代，另外 1 根用于硅藻和其他沉积物代用指标分析。野外 1 cm 间隔分样后，带回实验室分析。

2)实验室分析

水质样品带回实验室后，采用元素分析仪测试水体溶解有机碳含量，采用连续流动分析仪测试可溶性氮磷营养盐浓度；采用原子发射光谱仪或电感耦合等离子体质谱仪测试 Ca、K、Mg、Na、Si、Fe、Mn、Zn、B、Al、V、Co、Ni、Cu、As、Cd、Sb 和 Ba 元素含量。

硅藻样品参考标准方法处理，首先将表层泥炭藓挤出液 50 ml 或沉积物样品 0.5 g 经蒸馏水溶解后，放入 100 mL 烧杯，放在 90 ℃加热板加热 3 h 并间断性加入 10% HCl 和 30% H_2O_2至不再产生气泡或仅产生少量气泡，以去除碳酸盐和有机质组分；然后用蒸馏水清洗 3 次并定容至 15 mL，充分摇匀后用移液枪取 0.5 mL 悬浊液于盖玻片自然晾干，再滴加拿大树胶制成玻片。对部分硅藻浓度较高的样品，取大约 0.2 mL 于载玻片自然晾干，再用 60 ℃加热板烘干 2 h。硅藻鉴定主要参照欧洲硅藻分类系统。在 OLYMPUS BX51 显微镜 1000 倍下进行硅藻鉴定计数，并使用 OLYMPUS CellSens 图像分析软件拍照。每个样品统计硅藻 300 粒以上，少部分样品保存较差，统计 100 粒以上，属种丰度用百分含量表示，主要硅藻属种见图 4-22。使用美国 IXRF 公司生产的 MSP 2S 磁控离子溅射仪对载玻片样品镀金膜，再用日本 HITACHI 公司生产的 SU8010 场发射扫描电子显微镜拍照，主要属种见附录 1 的图版 2。

3)硅藻鉴定

从大九湖泥炭藓泥炭地(23 个样品)、浅水洼地(6 个)和盆地周边溪流(9 个)共采集 38 个样品。在这些样品中发现 60 属 172 种硅藻(Chen et al.，2017)，其中含量超过 1%的包括 *Discostella pseudostelligera*、*Aulacoseira alpigena*、*Aulacoseira ambigua*、*Achnanthidium minutissimum*、*Achnanthidium catenatum*、*Planothidium lanceolatum*、*Staurosira venter*、*Eunotia fallax*、*Eunotia paludosa*、*Eunotia meisterioides*、*Eunotia mucophila*、*Pinnularia subcapitata*、*Hantzschia amphioxys*、*Cocconeis placentula* f. *lineata*、*Frustulia rhomboides*、*Nitzschia perminuta*、*Reimeria sinuatesinuata*、*Eunotia seminulum*、*Encyonema silesiacum*、*Encyonema neogracile*、*Eunotia minor*、*Gomphonema parvulum*、*Fragilaria rumpens*、*Navicula cryptotenella* 等(图 4-36)。

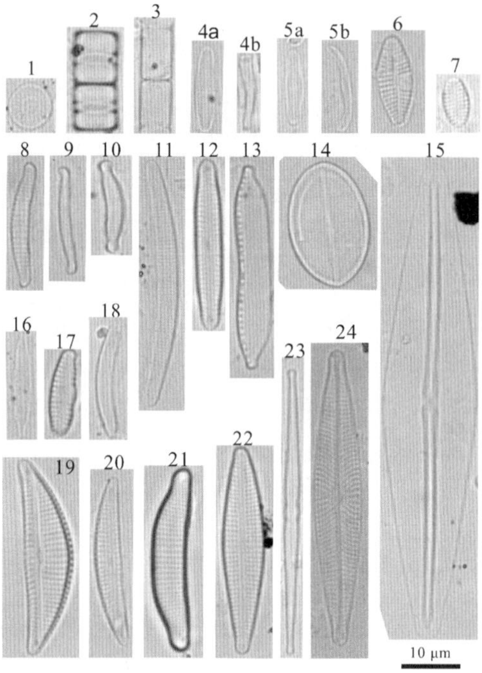

1-*D. pseudostelligera*；2-*A. alpigena*；3-*A. ambigua*；4a～4b-*A. minutissimum*；5a～5b-*A. catenatum*；6-*P. lanceolatum*；7-*S. venter*；8-*E. fallax*；9-*E. paludosa*；10-*E. meisterioides*；11-*E. mucophila*；12-*P. subcapitata*；13-*H. amphioxys*；14-*C. placentula* f. *lineata*；15-*F. rhomboides*；16-*N. perminuta*；17-*R. sinuatesinuata*；18-*E. seminulum*；19-*E. silesiacum*；20-*E. neogracile*；21-*E. minor*；22-*G. parvulum*；23-*F. rumpens*；24-*N. cryptotenella*

图 4-36　大九湖湿地中常见的硅藻属种类型

大九湖泥炭藓泥炭地硅藻群落以嗜酸性属种 *E. paludosa*、*E. seminulum* 和 *F. rhomboides* 占绝对优势。在泥炭地周边的小溪中，以偏好中性或碱性水体的硅藻为主，包括 *A. minutissimum*、*N. perminuta* 和 *R. sinuata*。而在泥炭地中间分布的洼地水体中硅藻组合以 *A. catenatum*，*A. ambigua* 和 *D. pseudostelligera* 占主导。排序分析结果显示，硅藻组合变化主要与硅含量、铵态氮含量以及泥炭藓和砾石基质有关。

2015 年采集的 1 根 50 cm 浅孔岩芯硅藻分析结果表明(Chen et al.，2021)，自 1950 年以来，*E. perpusillum*、*E. fallax* 等偏好高阳离子浓度生境的属种显著增加，取代了之前由 *Pinnularia microstauron*、*Pinnularia viridis* 和 *Eunotia bilunaris* 组成的偏好低阳离子浓度生境的属种组合(图 4-37)。伴随着生物多样性下降，硅藻组合第一主成分得分 PCA1 升高。硅藻属种组合变化与区域气候变暖的趋势相一致，同时 20 世纪 60 年代以来大九湖经历森林砍伐、反季节蔬菜种植等人为活动干扰。可以进一步思考，硅藻组合变化与气候变暖、区域人为活动之间存在怎样的关系？

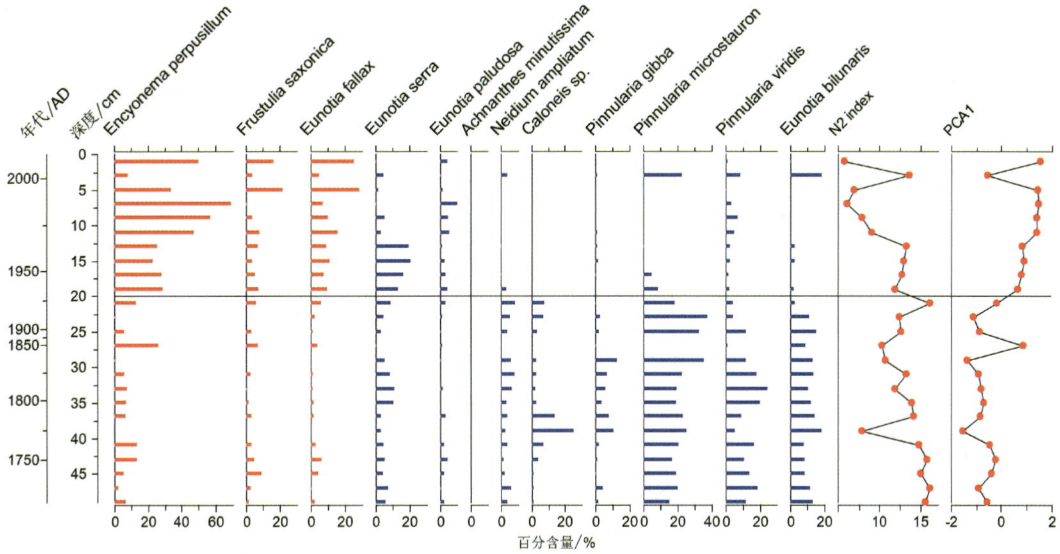

图 4-37　大九湖 4 号湖泥炭岩芯硅藻属种组合图谱(修改自 Chen et al.,2021)

2. 有壳变形虫调查

1)有壳变形虫简介

有壳变形虫(又名“有壳肉足虫”或“有壳根足虫”,testate amoebae)是一类具外壳的陆相淡水原生动物,属原生生物界(Protista)、肉鞭门(Sarcomastigophora)、根足总纲(Rhizopoda),因其伪足具有叶状、丝状或网状的不同形态,因此划分为叶足纲(Lobosea)、丝足纲(Filosea)和网粒纲(Granuloreticulosea)。根足总纲(又名肉足总纲),分为 3 个目,即变形虫目(Amoebina)、有壳目(Testacea)和有孔虫目(Foraminiferida)。有壳变形虫属于有壳目,它与变形虫目的区别在于前者虫体外没有包被壳体,是裸露的;与有孔虫目的区别在于后者大部分是多室壳,壳体为碳酸钙性质的,并且大部分是海生的。而有壳变形虫具几丁质或拟壳质构成的单室壳,或体外有黏液粘附砂粒等外来物形成自身的壳。有壳变形虫大小一般在 20～250 μm 之间,广泛栖息于湖泊、泥炭、沼泽、土壤等各种淡水潮湿环境,在苔藓尤其是泥炭藓植物叶、茎表面的水膜里都有分布。

2)有壳变形虫研究方法

不同沉积物中的有壳变形虫化石,其研究方法略有不同。对于湖泊和河流沉积物,其分析方法与有孔虫类似。首先称取湿重为 5 g 的样品。人工散样后,置于孔径为 300 μm 铜筛内水洗,去除样品中粗的杂质颗粒。将通过筛的样品再置于 35 μm 铜筛内继续水洗,去除壳体上的杂质。然后将筛内余下的部分转入培养皿中,置于 60 ℃烘箱内烘干。最后在双目体视显微镜下挑选、鉴定和统计。这样长度介于 35～300 μm 的有壳变形虫就被分选出来,尽管小于 35 μm 的个体会被漏掉,但是它们只占整个有壳变形虫(20～250 μm)的极少部分。也有极少数学者为了统计精确而使用孔径 15 μm 的铜筛甚至不过筛而直接观察。

泥炭沉积物中有壳变形虫的提取方法和孢粉的分析方法类似(Meisterfeld,2002):将泥炭样按一定间隔各取体积 2 cm^3 于 250 mL 烧杯中，加入 3 片石松孢子（*Lycopodium clavatum* L.）作为外源计数标记。加入 100 mL 蒸馏水，煮沸 10 min，同时用玻璃棒轻轻搅拌。溶液分别过 300 μm 和 15 μm 的铜筛，再将 15 μm 筛内的剩余部分用少量水缓慢冲洗转入 100ml 离心管，这样长度介于 15～300 μm 的有壳变形虫被分选出来。然后在于 3000 rpm 转速下离心 3 min 弃去上浮液，在管内剩余部分中加入 2 滴 5%的番红精染色，再用蒸馏水冲洗 2 次后装入小瓶，向瓶中加入甘油数滴保存。鉴定时吸取 1 滴于载玻片上，盖上盖玻片，在 200× 和 400× 显微镜下鉴定和计数，每个样品至少统计 150 个壳体。

3）有壳变形虫的鉴定和分类

截至目前，全球共发现有壳变形虫 2000 余种，其中我国报道了 300 余种。有关有壳变形虫鉴定的专著不多，这些著作基本包括了目前发现的大部分有壳变形虫的种类描述和分类标准，成为目前有壳变形虫鉴定的主要参考资料。近年来，扫描电子显微镜、透射电镜和分子生物学方法在有壳变形虫的分类学方面应用广泛，不仅能够提供可靠的鉴定结果，而且通过构建 DNA 分子发育树建立其分类系统。例如，在神农架大九湖湿地发现的新物种“九湖梨壳虫”（*N. jiuhuensis*），Qin 等（2016）结合高分辨率的显微镜技术和 DNA 分析方法，描述了该新物种的形态特征、分类地位和生态地理分布（图 4-38）。

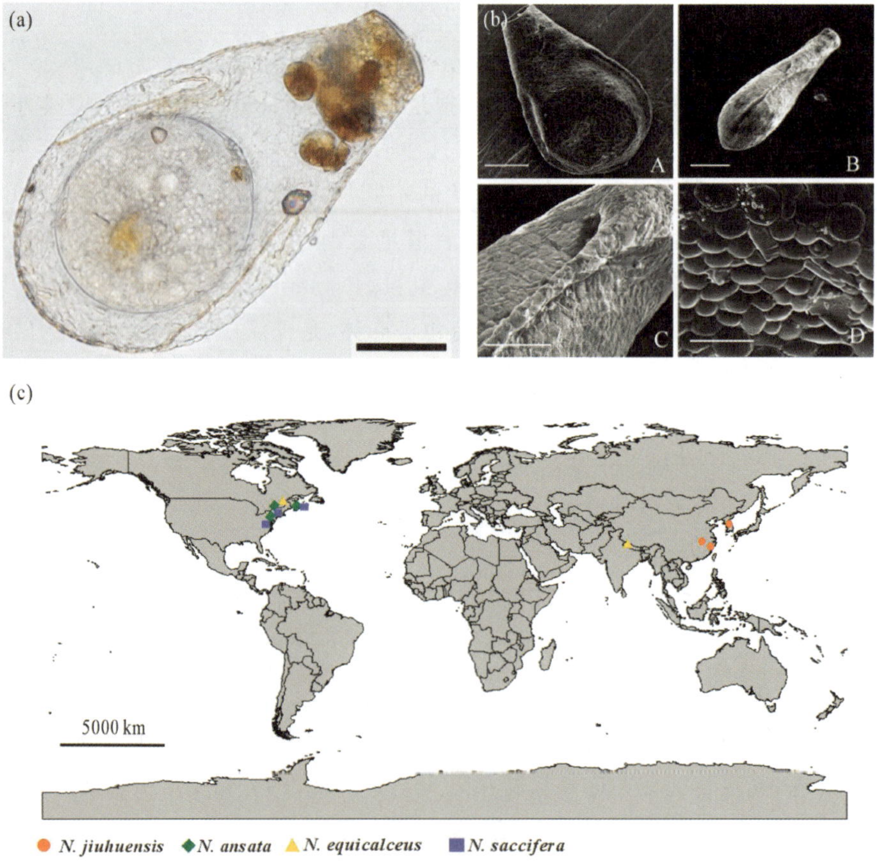

图 4-38　大九湖湿地发现的新物种“九湖梨壳虫（*N. jiuhuensis*）”的光学显微镜照片（a）、扫描电子显微镜照片（b）和其家族成员的全球分布图（c）（修改自 Qin et al.，2016）

3. 泥炭藓微生物群落分析

泥炭地分布着大量的细菌、古菌和真菌，它们对于维持泥炭地的生态服务功能至关重要。泥炭地的这些细菌、古菌和真菌，还和湿地植物，尤其是泥炭藓，有着非常紧密的相互作用。与泥炭藓相关的微生物，还被称为泥炭藓微生物群落(*Sphagnum* microbiome；图 4-39)。在泥炭藓微生物群落中，细菌是主要组成部分，尤其是变形菌门(Proteobacteria)和酸杆菌门(Acidobacteria)占据主导地位。这些细菌在泥炭藓的叶片、茎和分支的水填充透明细胞中大量存在，这些细胞为微生物提供了适宜的环境。此外，还检测到了其他细菌类群，如拟杆菌门(Bacteroidetes)、蓝细菌门(Cyanobacteria)、浮霉菌门(Planctomycetes)和放线菌门(Actinobacteria)等，尽管它们的相对丰度较低。此外，泥炭藓还寄生或共生有多种真菌，包括病原菌和腐生菌。

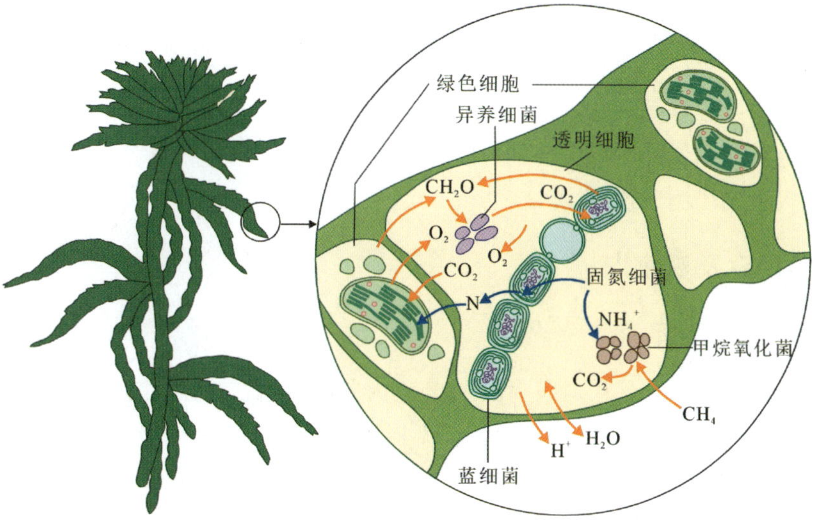

图 4-39 泥炭藓微生物群落示意图(修改自 Kostka et al.，2016)

泥炭藓微生物群落在泥炭藓的生态系统中扮演着重要的角色。泥炭藓微生物群落中的某些细菌具有固氮能力，这些细菌能够将大气中的氮气(N_2)转化为植物可利用的氨(NH_3)或铵(NH_4^+)。传统上认为，固氮作用主要由蓝藻(Cyanobacteria)完成，但近年来的研究表明，某些变形菌门(特别是甲烷氧化菌)也是重要的固氮微生物。甲烷氧化菌是泥炭藓微生物群落中的另一类重要微生物。它们能够氧化甲烷(CH_4)，生成二氧化碳(CO_2)和水(H_2O)。这一过程不仅减少了甲烷这一强效温室气体的排放，还为泥炭藓的光合作用提供了额外的碳源。特别是在水饱和条件下，当大气 CO_2 扩散受限时，甲烷氧化作用对泥炭藓的生长尤为重要。真菌在泥炭藓组织的分解和养分循环方面发挥着重要作用。

五、思考与讨论

1. 全球变暖会对大九湖泥炭地生物多样性产生哪些影响？
2. 沉积物中的硅藻记录对我们预测未来大九湖环境演化趋势有哪些启示？
3. 能否通过调控泥炭地微生物活性来实现增加碳汇和减少甲烷排放？

第七节　泥炭地水文调查

一、教学路线

基地—养鹿场—大树坝—基地。

二、教学任务

(1)了解湿地水文特征的调查方法。
(2)水化学参数的现场测试。
(3)泥炭地孔隙水、湖水、黑水河的主要参数对比分析。

三、实习要求

(1)预习本书第三章第三、四节。
(2)携带电容式水位计、自计式雨量筒。
(3)携带水质现场测试仪器。

四、路线内容及观察点

1. 水位监测数据分析

在大九湖地区,干旱和暴雨频发(图 4-40)。大九湖基地在一些代表性的样地安装了电容式水位计,监测泥炭湿地水位的变化。图 4-41 展示的是 2013—2021 年大九湖泥炭湿地水位的日均变化。水位变化范围为 $-12.3 \sim 24.3$ cm,负值指示高水位,正值指示低水位。最高水位出现在 2020 年 7 月 22 日,最低出现在 2016 年 9 月 23 日。整体上水位波动频繁。季节上,通常在春季和冬季水位较低,在夏季和秋季水位较高,同时在夏季干旱事件期间有几次急剧下降。

图 4-40　大九湖干旱与暴雨示例

注:(a)图拍摄于 2024 年 6 月 15 日;(b)图拍摄于 2024 年 7 月 12 日。拍摄位置都在 5 号湖出水口处。

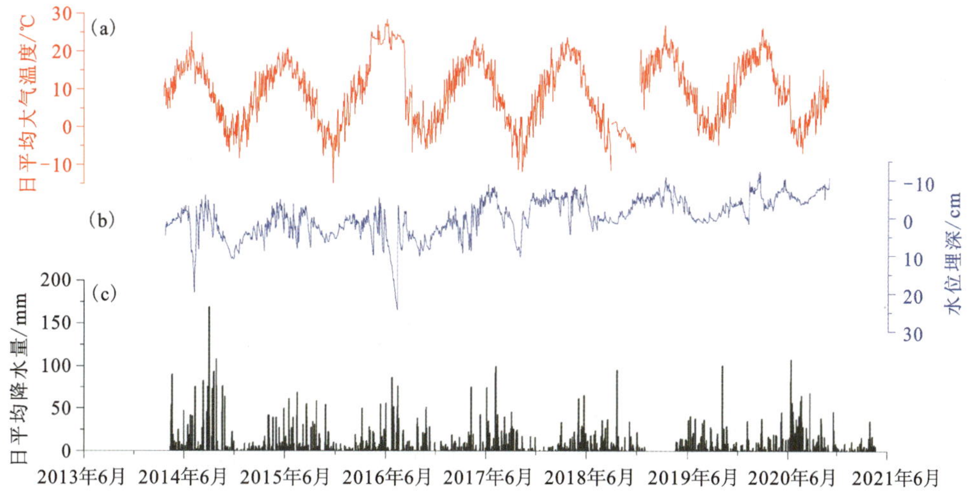

图 4-41　大九湖泥炭地 2014—2021 年空气温度、水位和降水监测结果（Yang et al.，2025）

2. 水文与湿地植被分布

大九湖盆地内分布着不同类型的湿地，主要有沼泽湿地和湖泊湿地。在不同的湿地中，植被分布表现出来明显的差异。泥炭地的植物主要有泥炭藓、苔草等，详情见第二章第二节。泥炭地植物表现出了垂向和水平方向上的差异分布。在垂向上，泥炭藓主要分布在底层，草本植物分布在上层。在空间上，这些成炭植物的分布表现出显著的空间异质性，红穗苔草主要分布在地表有浅层积水的区域。泥炭地内较干旱的区域还分布着一些灌木或矮化的乔木，主要有冻绿（*Rhamnus crenata*）、红桦（*Betula albosinensis*）、华中山楂（*Crataegus wilsonii*）、湖北海棠（*Malus hupehensis*）等。

在湖泊湿地中，水生植物呈带状分布，包括分布在岸边的挺水植物群落和开阔水体中的沉水植物群落。在大九湖的浅水湖泊中，主要的挺水植物有菖蒲、东方香蒲、木贼、睡菜、小黑三棱、西南毛茛；主要的沉水植物有菹草、穗状狐尾藻（刘欣艳等，2020）。

由于人类的扰动及湿地修复，大九湖植被组成及空间分布在年际尺度变化明显（罗涛等，2015；汪正祥等，2023）。例如，由于水位抬升，泥炭藓逐步向沼泽边缘扩散，而睡菜（*Menyanthes trifoliata*）则在 4 号湖边大量生长。

3. 泥炭地对河流水质的影响调查

大九湖盆地内的地表径流通过落水孔，绝大部分都汇入了堵河，最后流入南水北调中线工程水源地——丹江口水库（图 4-42）。因此，评估大九湖泥炭地径流对堵河水质的潜在影响，有着重要的现实意义（莫家勇等，2021）。

大九湖基地主要开展泥炭孔隙水、湖水、河水 3 种类型水样的采集和测试分析。设置了 15 个泥炭孔隙水长期监测点，分布在大九湖泥炭地的核心区域，考虑了主要的成炭植物类型，也构成了自然的水位梯度。在 5 号湖出水口和娘娘坟的河流设置了湖水与河水采样点。

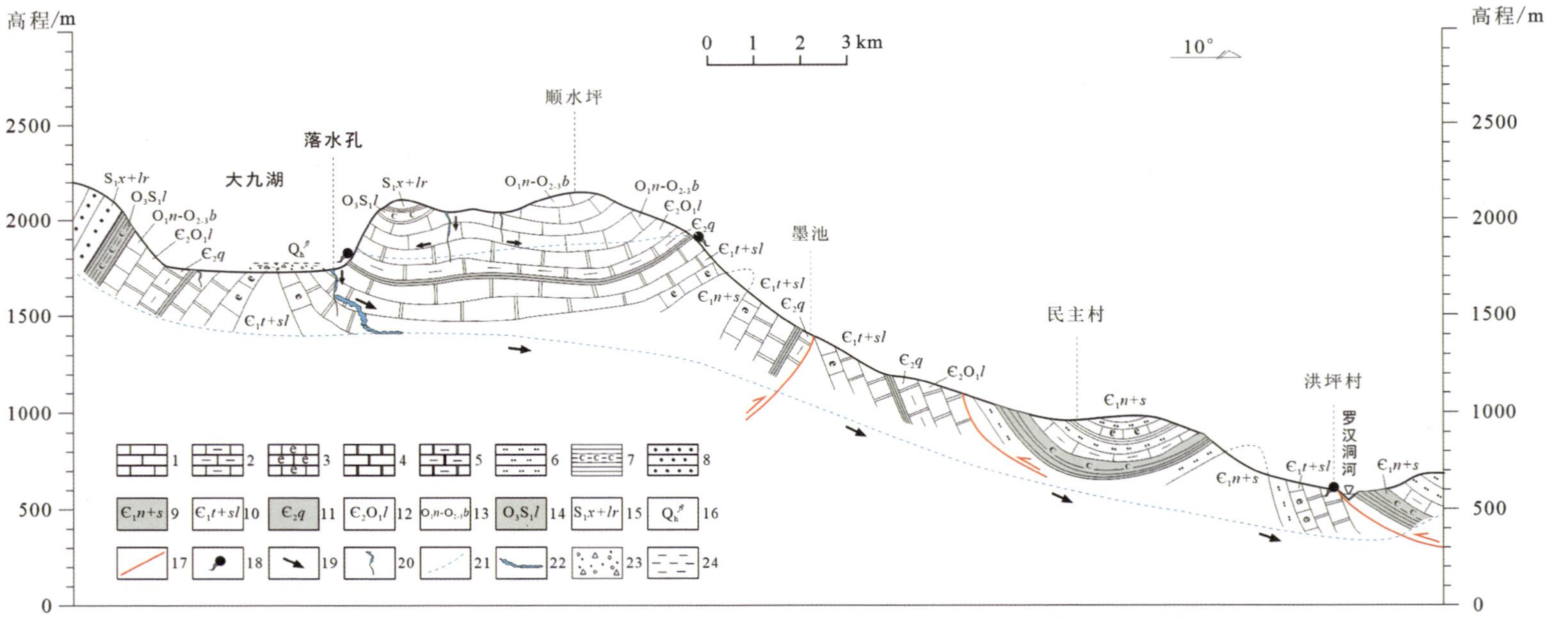

1-灰岩；2-泥质灰岩；3-生物碎屑灰岩；4-白云岩；5-泥质白云岩；6-粉砂岩；7-炭质页岩；8-砂岩；
9-下寒武统牛蹄塘组与石牌组并层(隔水层)；10-下寒武统天河板组与石龙洞组并层；11-覃家庙组(弱隔水层)；
12-娄山关组；13-奥陶系南津关组、红花园组、大湾组、牯牛塘组、庙坡组、宝塔组并层；14-龙马溪组(隔水层)；
15-下志留统新滩组与罗惹坪组并层；16-全新统湖沼沉积；17-断层；18-岩溶泉；19-地下水流向；20-岩溶落水洞；
21-虚拟地下水位；22-溶蚀裂隙及地下岩溶管道；23-松散砂砾石层；24-松散泥质沉积

图4-42 大九湖-洪坪村水文地质剖面及双层集中排泄系统示意图

通过比较不同水样的水质参数来评估水体的质量差异和潜在污染情况。常见的水质对比分析参数包括pH、溶解氧、颜色与浊度、总悬浮物、电导率、营养盐(如氨态氮、硝态氮和磷酸盐等)、重金属离子(如铅、镉、汞等)以及有机污染物(如挥发性有机物、有机氯化合物和多环芳烃等)等。

在水质对比分析中,可以从不同来源和不同类型的水样中选择代表性的样本进行分析(图4-43)。例如,泥炭地不同层位的泥炭孔隙水、地表水、河流水、湖泊水等样本。采用统一的分析测试方法处理水样,消除实验操作引起的误差,保证水质分析结果的可靠性。常见的测试仪器包括多参数水质仪、流动分析仪、浊度计、离子色谱仪、原子吸收光谱仪、气相色谱质谱联用仪等。

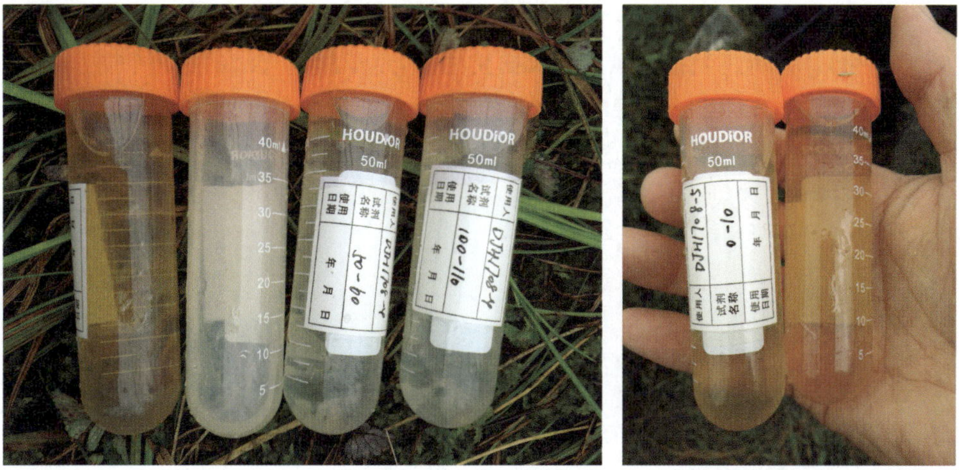

图4-43　大九湖泥炭地不同深度的泥炭孔隙水颜色对比

五、思考与讨论

1. 泥炭地水位主要受哪些因素影响?

2. 孔隙水采集过程可能对水样的原始状态产生哪些影响,如何避免或者减少采样过程的扰动?

3. 从大九湖到堵河的水颜色为什么会发生显著变化,其中的原理是什么?

第八节　湿地温室气体监测

一、教学路线

基地—养鹿场—巫山垭—基地。

二、教学任务

(1)了解湿地温室气体监测的常用方法及工作原理。

(2)掌握湿地温室气体监测常用仪器的操作。

三、实习要求

(1)复习生物地球化学循环的基础知识。

(2)提前复习第三章温室气体监测的内容。

(3)泥炭地有水,容易陷入淤泥,做好个人防护。

四、教学内容

1.监测仪器简介

1)涡度相关通量塔

涡度相关通量塔上安装了各种传感器和探头,用于实时测量二氧化碳、甲烷等温室气体的浓度(图 4-44)。同时还配备了风速和风向传感器,用于测量气流的速度和方向,分析风的运动模式和通量的垂直分布。基于质量守恒定律,通过测量单位时间内上升和下降气流中温室气体浓度变化的梯度,并结合风速和风向等气象信息,可以计算出温室气体的排放通量。

图 4-44　大九湖涡度通量塔(拍摄于 2023 年 7 月)

2)超便携式温室气体分析仪

超便携式温室气体分析仪可以利用自带的吸气管线来测量大气中温室气体的含量,也可以连接固定体积的土壤呼吸室来测量土-气界面的温室气体通量(图 4-45)。首先,使用气体分离器、过滤器等装置将目标气体分离,分离后的气体样品进入气体分析单元。然后,采用激光吸收光谱法分析温室气体的浓度,即激光器产生单色光束,选择特定波长与目标气体的吸收线匹配，然后将激光光束传输至被测样品中，测量透过样品的光强变化，即可获取目标气体的浓度。最后，通过仪器内部的数据处理系统，对测量的气体浓度进行处理和计算，利用预设的标准曲线或定量模型，将测量结果转换为温室气体的排放通量。超便携式温室气体分析仪可以同时测量甲烷、二氧化碳和水蒸气的排放通量，配备多个土壤呼吸室可同时测量多个点的温室气体通量。

(a)超便携式温室气体分析＋8 通道连接器＋平板电脑　　(b)土壤呼吸室

图 4-45　超便携式温室气体分析仪

3)静态箱

静态箱是一种收集温室气体的装置，其本身并不能直接测量温室气体的浓度(图 4-46)。通过静态箱罩住一片固定区域，在不同时间段使用气袋手动收集静态箱内的气体。随后在实验室内使用气相色谱仪等仪器分析收集的气体样品，测量二氧化碳和甲烷等温室气体的浓度。根据目标气体随时间的变化率、静态箱的体积和覆盖面积、温度、气压以及气体常数等参数，即可计算出温室气体的排放通量。

图 4-46　静态箱

2. 涡度塔观察

大九湖湿地开路式涡度相关通量塔安装在娘娘坟泥炭地靠近公路的平坦地带(图 4-47)。探头安装高度为 3 m,配备了美国 LI-Cor 公司生产的开路式甲烷分析仪(LI-7700)、开路式二氧化碳/水蒸气分析仪(LI-7500)和三维超声风速仪(CAST3)。可以同时测量甲烷、二氧化碳和水蒸气的通量,以及摩擦风速、潜热通量和显热通量等参数,采样频率为 10 Hz。同时安装生物气象辅助传感器系统(Biomet 100),用于测定空气温度和相对湿度(Vaisala HMP 155),降雨量(TR-525USW),地下 10 cm、20 cm 和 30 cm 处土壤温度,以及地下 10 cm、20 cm 和 30 cm 处土壤含水量(Delta-T ML2x)等环境因子,每 30 min 自动记录 1 次。通过该监测数据可揭示大九湖湿地甲烷和二氧化碳排放通量的季节性变化特征及其环境影响因素。

图 4-47　大九湖湿地涡动相关通量塔探头

3. 温室气体实测

超便携式温室气体分析仪的使用包括组装、开机、观察呼吸室与数据情况、关机等步骤。

首先,将主机、分主机、呼吸室和电池连接好,进气与出气管道按 inlet 或 outlet 标识一一对应连接,确保整个仪器通道密封不漏气。将呼吸室分别放在需要测试位置,先放置圆柱形体积圈,插入土内,再将呼吸室的垫圈卡在圆柱圈上,确保密封性,如果地形不平整则使用呼吸室自带的支架支撑。先打开主机 LGR,再打开分主机 SF3000,分主机抽气泵开始工作,电源灯显示常亮,active 灯隔 2 秒闪烁一次。

然后,打开超便携式温室气体分析仪平板电脑,连接局域网 ZyxE0007,打开 VNC Viewer 软件,点击黑色小屏幕,然后点击连接。等待一段过后主机启动,仪器开始工作,平板电脑上开始显示仪器测量的实时读数,观察数据波动与数据采集是否存在异常。同时仪器工作过程中需要观察呼吸室的开合情况,呼吸室的打开可能会受圆柱圈的阻碍,需要及时调整呼吸室垫圈与圆柱圈。同时注意观察电池电量,一旦发现电量过低需尽快关机,电池在充满电的情况下可以工作 8 h 左右。各部件需注意防雨防水。

最后,在测试结束后,先点击平板电脑上的关闭键,停止主机泵;先关闭主机再关闭分主机,关闭分主机前需要确保呼吸室盖子已经关闭,如果呼吸室未关闭,需要在分主机运行的状态下,按住呼吸室上的圆形银色金属按键手动关闭呼吸室;随后进行各模块拆卸与存放。

静态箱的使用包括安装和收集气体两个步骤。首先将静态箱的底座固定在地面上,插入土内,在底座的凹槽内加入少量水起到密封作用,然后将静态箱放置在底座上。在静态箱上方插入温度计,连接电池,此时静态箱内部风扇开始工作,使内部气体均匀化。随后,不同点位的静态箱需在同一时间点同时开始收集气体,使用注射器连接静态箱上方的导管,抽满注射器。关闭注射器上的开关,保证密封性,将气袋与注射器导管的另一侧连接,打开注射器开关将气体注入气袋,同时记录采集气体时的温度和时间。等待 10 min 开始第二次收集,以此类推共进行 4 次收集。将收集的气体样品运回实验室尽快分析温室气体浓度。

五、思考与讨论

1. 静态箱法与涡度相关法相比,它们的优缺点是什么?分别适用于哪些场景?
2. 大九湖经常发生暴雨和严重干旱,分析这些极端天气对湿地温室气体排放量的影响。
3. 如果让你来设计管理措施,可以通过哪些途径来减少大九湖湿地的温室气体排放量?

第九节 古气候重建

一、教学路线

基地—大树坝—基地。

二、教学任务

(1)了解俄式泥炭采样器的工作原理并动手采集泥炭岩芯。
(2)观察泥炭岩芯的特征,进行沉积环境分析。
(3)了解泥炭古环境重建的原理及主要步骤。

三、实习要求

(1)提前复习第三章泥炭采样的内容。
(2)携带泥炭采样器套装。

四、教学内容

1. 钻取泥炭岩芯

按照第三章介绍的泥炭采样器的使用方法来获取泥炭岩芯。在开始钻取前,要选择合适的打钻位置,主要是考虑所选位点的代表性以及地形是否平坦。同时,要准备好卷尺、记号笔、记录表、相机等。在用力下压钻头时,要保持钻杆的平衡,以免发生歪曲(图 4-48)。在采集深层泥炭样品时,需要先加上足够的延长杆,并做好深度的标记。取出泥炭岩芯后,将泥炭采样器放平后打开合叶，将采集的沉积柱缓慢倒在覆盖了干净铝箔的平板上，放上卷尺并拍照，记录岩性变化。当取出多段岩芯时，需要进行深度和取样方向的标记，以免造成混乱（图 4-49）。

图 4-48　钻取泥炭岩芯（拍摄于 2011 年 5 月）

2. 长江中游古气候重建

长江以水为魂，人类逐水而居，文明伴水而生，流域因水而兴，与水有关的干湿气候事件直接影响了流域经济社会的发展，因此从地质演化的角度认识区域干湿气候的演变规律具有重要的现实意义和深远的战略意义。然而，由于缺乏可靠的代用指标，长江中游地区过去干湿状况的研究难度极大，成为研究亚洲季风演化极为关键但又最为薄弱的地区。谢树成院士领导的团队以水为抓手聚焦干湿古气候这一重大挑战性难题，充分利用流域大量保存完好、跨越不同时代的洞穴石笋、泥炭和河湖沉积物等得天独厚的自然资源，经过 20 余年的努力，带动了长江中游末次冰消期以来干湿古气候的研究。

图 4-49　野外现场分割样品(拍摄于 2016 年 9 月)

鉴于国际上缺乏这些研究载体记录干湿古气候的代用指标体系,研究团队从最基础的代用指标构建开始,先后开发了示踪干湿古气候变化的一系列新指标,包括泥炭湿地好氧细菌藿类参数、脂类单体氢同位素、湖泊细菌醚类参数、洞穴石笋细菌 3-羟基酸参数以及洞穴石笋成土磁铁矿通量等指标体系,为探索中国东部干湿古气候的时空演化提供了一系列原创方法(图 4-50)。

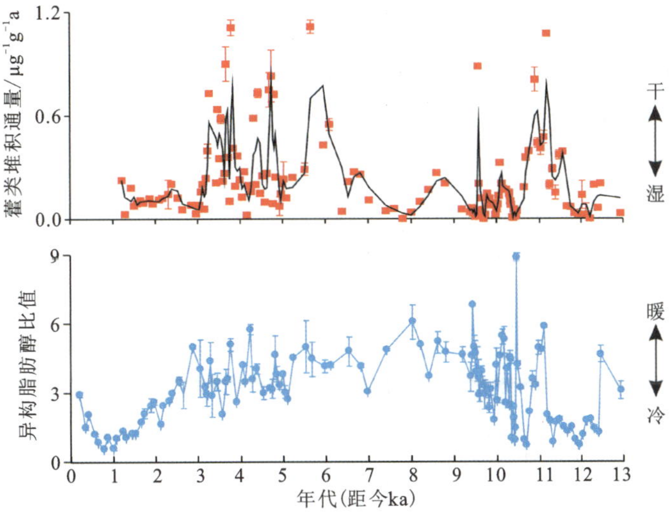

图 4-50　大九湖 ZK-3 古水文(藿类通量;Xie et al.,2013)和古温度(异构脂肪醇比值;Huang et al.,2013)重建

有了这些原创性指标体系，研究团队由此发现了长江中游干湿古气候的复杂性、典型性和特殊性。复杂性表现在水热配置上，既有诸如8200年前的冷干组合，也有诸如12 000年前的冷湿组合；在驱动机制上，既有诸如西风带的高纬因素，也有诸如厄尔尼诺等低纬因素，更有太阳活动等地外因素的影响。典型性表现在暴雨事件具有鲜明的500年周期变化，还有湿润区出现了长达150年的干旱事件。特殊性表现在1万多年前长江中游的干湿状况就明显不同于华北和华南，从而使中国东部地区的干湿表现出明显的“三极模态”空间格局。

此外，该研究还发现长江流域过去10 000年干湿古气候变化对长江流域史前文化产生的重要影响。分析发现，长江流域城背溪文化、大溪文化、屈家岭文化、石家河文化、夏-商文化、楚文化之间的更替，正好对应于泥炭湿地藿类通量指示的相对比较湿润的时期，也就是洪涝灾害频繁、旱涝急转的时期。古文化在湖北省内的空间迁移也与干湿古气候变化有关。在比较湿润、洪涝灾害频发时期，古文化遗址主要出现在海拔比较高的地方；在相对偏干时期，古文化遗址则向江汉盆地等低地迁移。

3. 长江中游湿地水碳关系研究

长江中游湿地是我国最大的人工与自然复合湿地生态系统之一，其在全国乃至全球都具有重要地位。它不仅是我国湿地资源最丰富的地区之一，具有扬子鳄、白鱀豚等珍稀物种，还是众多国际迁徙水鸟的重要停歇地和越冬地，对生物多样性保护至关重要。此外，长江中游湿地在防洪减灾、调节气候、净化水质等方面发挥着不可替代的作用，是区域生态安全的重要屏障。

开展长江中游湿地碳循环研究具有重大意义。湿地作为地球上重要的碳汇，通过植物光合作用固定大量二氧化碳，并在有机质分解过程中缓慢释放，对全球碳平衡和减缓气候变化具有关键作用。深入研究长江中游湿地的碳储量状况及碳循环过程，有助于理解全球碳循环机制，为实现碳中和目标提供科学依据。同时，这也有助于制定合理的湿地保护和恢复政策，促进湿地生态功能的恢复和提升，进而保障区域乃至全国的生态安全和可持续发展。

长江中游地区水文气候变化引发的湿地水碳关系，调控着湿地的储碳能力和甲烷排放量。当发生长期干旱时，泥炭湿地是大量排放甲烷和 CO_2，从而充当“气候炸弹”？还是有能力通过反馈作用来减缓温室气体的排放？目前还缺乏系统的认识。

干湿古气候重建揭示出，长江中游在中全新世发生了长期干旱，这为预测泥炭湿地碳循环对长期干旱的响应与反馈提供了良好的参照型。在中全新世干旱阶段，来自植物的叶蜡正构烷烃单体碳同位素表现出了显著的负偏，且负偏的幅度随着干旱频次的增加而变大。与此同时，指示微生物甲烷氧化活动强度的藿烷单体碳同位素发生了明显的负偏。上述现象表明，在显著干旱条件下，细菌将释放出的甲烷转变为 CO_2，转变出的 CO_2 被地表植物的光合作用重新利用掉了。在长期干旱条件下，通过湿地植物和微生物的相互作用，大幅减少了甲烷和 CO_2 的排放量，清除了“气候炸弹”的威胁（图4-51）。该研究揭示出，泥炭的地球生物学过程不仅对极端气候变化做出灵敏的响应，而且还进一步对气候变化做出反馈，影响局地或区域的气候和碳排放。

在地质记录研究的同时，研究团队在大九湖湿地微生物介导的甲烷动态对短期水位下降

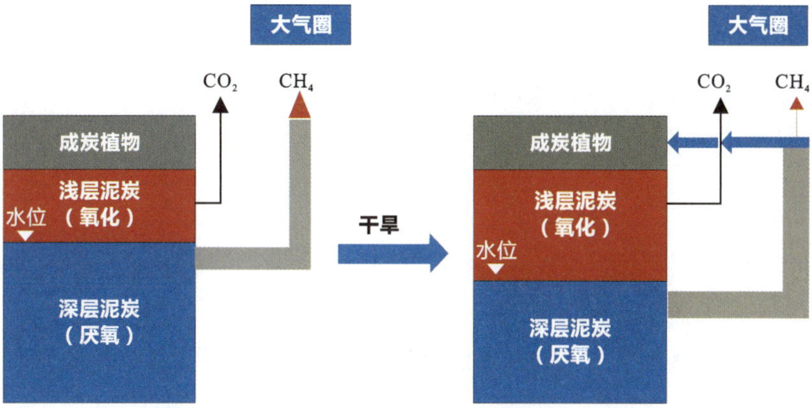

图 4-51　长期干旱条件下，大九湖泥炭湿地碳生物地球化学过程响应与反馈示意图

的响应方面取得了新的认识。在极端干湿条件下，湿地的甲烷排放会抵消其储碳能力，导致其从碳汇转变为碳源，甚至可能成为“气候炸弹”。因此，对湿地水位变化如何影响微生物群落结构、碳代谢活动以及温室气体排放等碳动态过程的理解变得至关重要。为了深入探究这一问题，研究团队在神农架大九湖湿地进行了系统的环境变化监测。利用多种碳同位素数据，详细地考察了季节性水位波动对大九湖湿地微生物活动和甲烷循环的影响。研究结果显示，当水位下降时，微生物甲烷氧化活动的增强会导致甲烷排放通量的降低。进一步分析表明，甲烷排放通量与表层泥炭的 DOC 浓度之间存在显著的正相关关系，这表明表层泥炭的 DOC 可能为产甲烷提供了底物。这项研究揭示了湿地短期水位下降如何快速改变其微生物群落结构和碳代谢活动，并展示了如何在短时间内减少湿地甲烷排放的潜力。在湿地恢复和管理过程中，必须充分考虑水位变化对湿地微生物碳代谢活动和甲烷排放产生的深远影响。

五、思考与讨论

1. 用俄式泥炭采样器取泥炭岩芯时，会造成哪些不利的影响，如何克服？
2. 利用地质微生物方法来重建古气候，有哪些优点与不足？
3. 为何长江中游干湿古气候表现出了显著的独特性？

第十节　“双碳”目标的实践

一、教学路线

基地—三号湖—养鹿场—基地。

二、教学任务

（1）了解泥植被组成对泥炭地温室气体排放的影响。
（2）了解泥炭地温室气体排放与水位间的关系。
（3）观察泥炭地自然恢复过程中的碳动态变化。

三、实习要求

(1)提前复习第三章第二节、第四节。

(2)携带泥炭采样器套装。

四、教学内容

泥炭地作为地球生态系统中不可或缺的碳储库,其碳汇潜力深受水位条件的制约。此外,泥炭地是最大的天然甲烷释放源之一。面对人类活动的干扰,尤其是排水,泥炭地的碳汇功能遭受了严峻挑战,其储碳能力急剧下滑,甚至可能由碳汇转变为碳源,从而加剧当前的气候变暖。鉴于此,剖析泥炭地碳汇功能的运作机制,特别是其与植被类型(泥炭藓与非泥炭藓植被的对比)、水位波动的内在联系,成为制定科学保护与恢复策略的理论基石。同时,持续监测泥炭地在自然恢复进程中的碳动态变化,不仅是落实"碳达峰、碳中和"目标的实际行动,也是维护全球生态安全、促进可持续发展的关键一环。

1. 泥炭藓与非泥炭藓碳排放对比

泥炭藓,作为不可或缺的成炭植物,堪称泥炭地生态系统中的高效工程师,其多重作用深刻影响着碳循环机制(图 4-52)。首要之处在于泥炭藓卓越的抗分解能力。相较于维管束植物,泥炭藓更能促进有机碳的积累,并可调控可溶有机碳的生物有效性。再者,泥炭藓独特的生理结构——缺乏导管,阻断了通过气孔释放甲烷的传统路径,转而依赖内共生噬甲烷菌进行甲烷氧化,这一机制详见于本章第六节。

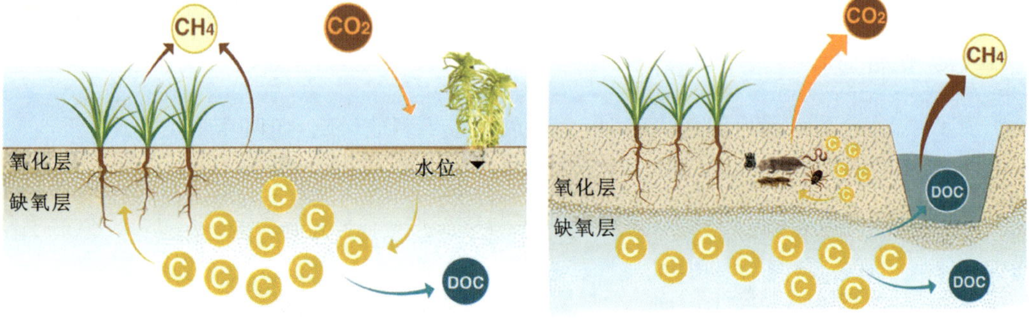

图 4-52 自然状态泥炭地与排水泥炭地碳循环对比(修改自 Crump,2017)

在大九湖地区,泥炭藓不仅是其独特的生态标识,更是保护工作的重中之重。为深入探究泥炭藓对温室气体排放的影响,可设计对比实验:在相近区域分别设立泥炭藓样地与非泥炭藓样地(如红穗苔草、地榆区域),通过布设静态箱,直接测量并记录两种植被覆盖下温室气体排放速率的显著差异。同时,借助土壤呼吸室与便携式温室气体分析仪,实现全天候高频数据采集,精准捕捉温室气体排放的动态变化。

此外,为全面解析泥炭藓对土壤环境的贡献,还需采集两种样地表层(0～10 cm)与次表层(20～30 cm)的土壤孔隙水样本,进行现场理化性质分析(包括 pH 值、氧化还原电位、电导率测定)，以及可溶有机质含量与紫外-可见吸收光谱特征的详细考察。这些实测数据将为论证泥炭藓保护与恢复工作在实现“双碳”目标中的关键作用提供坚实依据，彰显泥炭藓在维护生态平衡、促进气候稳定方面的不可替代价值。

2. 湿地碳排放与水位的关系

水位作为泥炭地碳生物地球化学循环的核心调控因子(Evans et al.，2021)，水位波动深刻影响着土壤呼吸活性及甲烷的生成与消耗。Evans 等人(2021)的研究数据揭示了泥炭地温室气体排放展现出鲜明的阈值效应(图 4-53)：在特定水位范围内，泥炭地展现出碳汇能力；而一旦水位超越此阈值，其角色逆转，成为温室气体排放的碳源。这一发现强调了合理管理泥炭地水位对于维系其碳汇潜力、助力“双碳”目标达成的战略意义。

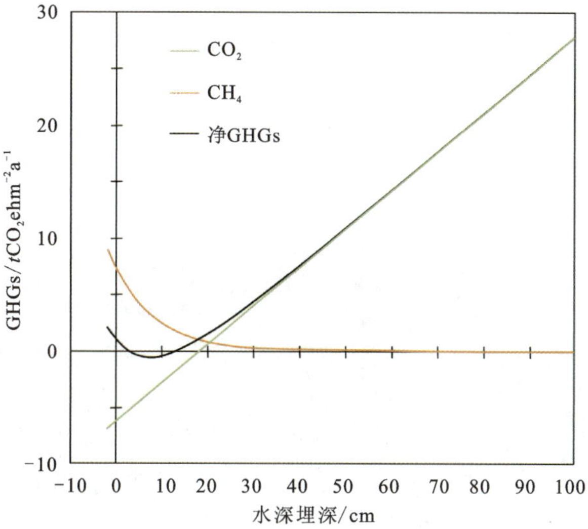

图 4-53　泥炭地温室气体排放量与水位的关系(修改自 Evans et al.，2021)

在大九湖野外站，已经在养鹿场与二号坝区域布设了 15 个长期观测点，这些点有着相似的植被特征(大多以泥炭藓为主)并展现出显著的水位梯度差异(详见本章第七节)。从中挑选高、中、低不同水位层次的代表性监测点，运用静态箱法与便携式温室气体分析仪-土壤呼吸室联用技术，能够系统监测温室气体排放动态，进而初步勾勒出大九湖泥炭地碳汇能力与水位之间的关系。结合长期累积的监测数据，有望界定出支撑泥炭地高效碳汇功能的水位阈值范围。这将为大九湖湿地生态保护与管理提供宝贵的数据支撑与策略建议，促进区域生态系统服务的优化与可持续发展。

3. 自然恢复过程碳动态观测

全球泥炭地正遭受气候变化与人类活动的双重冲击，其退化现象日益严峻。目前已有约 15%的泥炭地面临排干与退化的困境，这一过程中释放的 CO_2 量惊人，占到了全球年度人为 CO_2 排放总量的 5%(IUCN Peatlands and Climate Change Brief，2021；Ma et al.，2022)。鉴于泥炭地在维持生态平衡与碳汇功能上的关键作用，泥炭地恢复工作已迫在眉睫，成为保护自然生态服务的核心任务。联合国环境规划署引领的全球泥炭地倡议(global peatlands initiative,GPI)应运而生,旨在守护泥炭地这一地球上最大的陆地有机碳储库,防止其碳储量流失至大气中,加剧全球变暖。同时,湿地公约组织亦发布了详尽的泥炭地复湿与恢复指南(Convention on Wetlands,2021),为科学恢复工作提供了有力支持。

观测数据表明,泥炭地经过复湿处理后,CO_2排放量能迅速减少,而甲烷排放则可能短期内出现峰值,但长远来看,这一综合效应促进了碳汇功能的逐步恢复。历经数十载乃至更长时间的恢复,受损泥炭地的碳汇能力有望接近甚至恢复到未受干扰前的水平(Mander et al.,2024),为地球气候稳定贡献重要力量。

大九湖为探究泥炭地恢复过程中的碳循环动态提供了良好的机遇。依托遥感技术解析影像数据,可以追溯自20世纪80年代起湿地生态系统遭受的破坏过程(详见本章第四节;胡苏李扬等,2021)。随着大九湖国家湿地公园的设立与保护力度的显著增强,昔日耕地逐步被回收,开启了湿地的自然恢复过程,尤以老鹿苑周边区域为典型例证(图4-54)。遥感图像清晰勾勒了昔日农田的痕迹。该区域撂荒已近二十载,部分区域已自然演替为覆盖泥炭藓或地榆等标志性沼泽植被的生态斑块。

图4-54　湿地耕种后撂荒恢复样地(无人机拍摄,镜头方向大致朝西)

初步数据分析揭示,相较于地榆覆盖区,泥炭藓繁茂的地块展现出更高的土壤有机碳含量与土壤含水率,凸显了不同植被类型对土壤理化性质的差异化影响。为深入探究这一现象,可以布设更多的监测样点,实施温室气体排放监测,并采集土样进行详尽的土壤理化性质分析,以期精准捕捉泥炭藓覆盖与非覆盖区域间的关键差异。

此外，整合历史数据与观测结果，构建时间序列数据集，将使我们能够系统评估恢复时长对湿地生态系统恢复的具体影响。在此基础上，基于自然的解决方案(nature-based solution)的核心理念出发，可以构思并展望一系列高效且可持续的大九湖湿地保护与恢复策略，以期为该地区的生态健康与碳汇功能恢复贡献力量。

五、思考与讨论

1. 旅游开发会对大九湖泥炭地碳汇功能造成哪些潜在影响?
2. 如果通过人为干预的方式来显著提升泥炭藓的覆盖面积，会产生哪些影响?
3. 如果让你来设计大九湖湿地的恢复方案，你将采取什么方法?

参考文献

E H威尔逊,2015.中国——园林之母[M].胡启明,译.广州:广东科技出版社.

卜兆君,王升忠,谢宗航,2005.泥炭沼泽学若干基本概念的再认识[J].东北师大学报:自然科学版,37(2):105-110.

柴岫,1990.泥炭地学[M].北京:地质出版社.

陈槐,吴宁,王艳芬,等,2021.泥炭沼泽湿地研究的若干基本问题与研究简史[J].中国科学:地球科学,51(1):15-26

陈世苹,游翠海,胡中民,等,2020.涡度相关技术及其在陆地生态系统通量研究中的应用[J].植物生态学报,44:291-304.

承磊,郑珍珍,王聪,等,2016.产甲烷古菌研究进展[J].微生物学通报,43(5):1143-1164.

丁仲礼,2013.固体地球科学研究方法[M].北京:科学出版社.

杜耘,蔡述明,王学雷,等,2008.神农架大九湖亚高山湿地环境背景与生态恢复[J].长江流域资源与环境,17(6):915-919.

方精云,王襄平,沈泽昊,等,2009.植物群落清查的主要内容、方法和技术规范[J].生物多样性,17(6):533-548.

郭子良,刘欣艳,张曼胤,等,2022.大九湖湿地游步道两侧草本植物群落对旅游干扰的响应[J].生态科学,41(6):82-91.

哈希公司,2016.水质分析实用手册[M].2版.北京:化学工业出版社.

韩行瑞,2015.岩溶水文地质学[M].北京:科学出版社.

何报寅,2007.神农架大九湖泥炭的环境变化记录[M].武汉:中国地质大学出版社.

何报寅,徐贵来,杜耘,等,2008.神农架大九湖盆地岩溶塌陷的高分辨率遥感调查[J].华中师范大学学报(自然科学版),42(3):458-461.

胡苏李扬,李辉,顾延生,等,2021.湖北神农架大九湖湿地演变及其驱动力——来自长时间尺度多源遥感信息的约束[J].国土资源遥感,33(1):221-230.

黄咸雨,谢树成,2016.泥炭沉积分子古气候研究进展[J].第四纪研究,36(3):666-675.

黄咸雨,张志麒,王红梅,等,2017.神农架大九湖泥炭湿地关键带监测进展[J].地球科学,42(6):1026-1038.

姜明,魁义.中国沼泽志[M].2版.北京:科学出版社,2023.

姜明,武海涛,白军红,等,2023.湿地生态学[M].北京:高等教育出版社.

景才瑞,傅爱民,1986.神农架大九湖地区更新世冰川遗迹的初步研究[J].华中师范大学学报,20(3):345-356.

旷红伟，柳永清，范正秀，等，2018. 扬子克拉通北缘中元古界神农架群沉积特征[J]. 古地理学报，20(4)：523-544

旷红伟，柳永清，耿元生，等，2019. 中国中新元古代重要沉积地质事件及其意义[J]. 古地理学报，21(1)：1-30.

旷红伟，柳永清，耿元生，等，2023. 中国中—新元古代地层研究进展及建议划分、对比方案[J]. 地质学报，97(12)：3861-3901.

郎惠卿，1999. 中国湿地植被[M]. 北京：科学出版社.

李航，王晓锋，袁兴中，等，2023. 淡水生态系统温室气体通量监测方法综述[J]. 湖泊科学，35(4)：1153-1172.

李怀坤，张传林，相振群，等，2013. 扬子克拉通神农架群锆石和斜锆石 U-Pb 年代学及其构造意义[J]. 岩石学报，29(2)：673-697.

李辉，余忠迪，蔡晓斌，等，2017. 基于无人机遥感的河流阶地提取[J]. 地球科学，42(5)：734-742.

李江风. 唐嘉耀，廖明尧，等，2013. 神农架地质旅游指南[M]. 武汉：中国地质大学出版社.

李静霞，李佳，党海山，等，2007. 神农架大九湖湿地公园的植被现状与保护对策[J]. 武汉植物学研究，25(6)：605-611.

李铨，冷坚，1991. 神农架上前寒武系[M]. 天津：天津科学技术出版社.

李亭亭，汪正祥，龚苗，等，2016. 神农架国家级自然保护区川金丝猴栖息地的植物群落分类及特征[J]. 植物科学学报，34(4)：563-574.

李学垣，张光远，成瑞喜，等，1989. 神农架自然保护区的土壤——I. 保护区的自然条件与土壤类型[J]. 华中农业大学学报，8(2)：132-137.

李艳元，葛继稳，彭凤姣，等，2017. 神农架大九湖泥炭湿地 CH_4 通量特征及其影响因子[J]. 地球科学，42(5)：832-842.

廖明尧，2015. 神农架地区自然资源综合调查报告[M]. 北京：中国林业出版社.

刘凡，徐凤琳，李学桓，1992. 神农架自然保护区土壤的研究Ⅲ：神农架垂直带土壤粘粒矿物组合及其特点[J]. 华中农业大学学报，11(1)：64-70.

刘光崧，1996. 土壤理化分析与剖面描述[M]. 北京：中国标准出版社.

刘林峰，周先华，高健，等，2018. 神农架大九湖湿地浮游植物群落结构特征及营养状态评价[J]. 湖泊科学，30(2)：417-430.

刘欣艳，郭子良，张曼胤，等，2020. 神农架大九湖湿地维管束植物多样性及区系研究[J]. 湿地科学与管理，16(3)：58-62.

柳永清，旷红伟，2017. 神农架中新元古代沉积地质景观[M]. 北京：地质出版社.

楼桐茂，1942. 高山垦殖举例——大巴山上大九湖[J]. 地理，2(3/4)：33-38.

鲁如坤，1999. 土壤农业化学分析方法[M]. 北京：中国农业科技出版社.

罗玲，王宗明，毛德华，等，2016. 沼泽湿地主要类型英文词汇内涵及辨析[J]. 生态学杂志，35(3)：834-842.

罗涛，伦子健，顾延生，等，2015. 神农架大九湖湿地植物群落调查与生态保护研究[J]. 湿地科学，13(2)：153-160.

马明哲，申国珍，熊高明，等，2017. 神农架自然遗产地植被垂直带谱的特点和代表性[J]. 植物生态学报，41(11)：1127-1139.

马学慧，2005. 湿地的基本概念[J]. 湿地科学与管理，1(1)：56-57.

莫家勇，张志麒，汪迎春，等，2021. 神农架大九湖湿地的水质净化功能研究[J]. 环境生态学，3(11)：79-83.

彭丹，刘胜祥，黎维平，等，2001. 神农架大九湖泥炭藓 *Sphagnum palustre* 沼泽特征分析[J]. 贵州科学，19(4)：101-104.

乔秀娟，姜庆虎，徐耀粘，等，2021. 湖北自然植被概况：植被研究历史、分布格局及其群落类型[J]. 中国科学：生命科学(51)：254-263.

全国土壤普查办公室，1993. 中国土壤分类系统[M]. 北京：农业出版社.

沈泽昊，胡会峰，周宇，等，2004. 神农架南坡植物群落多样性的海拔梯度格局[J]. 生物多样性，12(1)：99-107.

谭开甲，周晓庆，张志麒，2014. 神农架大九湖湿地开发与保护[J]. 湖北林业科技，43(1)：52-55.

谭向前，寇磊，阎惠香，等，2023. 神农架林区大九湖湿地生态地质剖面调查研究[J]. 资源环境与工程，37(2)：208-216.

同号文，武仙竹，2010. 湖北神农架犀牛洞梅氏犀(真犀科，哺乳动物纲)化石[J]. 科学通报，55(11)：1015-1025.

汪正祥，2017. 神农架地区自然地理环境[M]. 北京：中国林业出版社.

汪正祥，熊蔚，邓龙强，等，2023. 大九湖沼泽湿地大泥炭藓种群分布特征及其制约因素[J]. 生态学报，43(6)：2388-2396.

王昌勇，刘帅，李胡蝶，等，2022. 神农架地区中元古界混合沉积特征及其发育模式——以神农顶乱石沟组-台子组剖面为例[J]. 沉积学报，40(6)：1649-1659.

王建波，汪小凡，王大兴，等，2017. 神农架野外科学考察手册[J]. 北京：高等教育出版社.

王铭，刘子刚，马学慧，2012. 中国泥炭地有机碳储量分区[J]. 湿地科学，10(2)：156-163.

王牧，程丹丹，阎惠香，等，2023. 湖北神农架大九湖国家湿地公园外来入侵植物调查与风险评估[J]. 湿地科学，21(3)：387-394.

王瑞卿，张明祥，武海涛，等，2022. 从《中华人民共和国湿地保护法》解析湿地定义与分类[J]. 湿地科学，20(3)：404-412.

向兴，王红梅，龚林锋，等，2014. 细菌群落在神农架大九湖泥炭藓与表层沉积物的垂向变化及其生态意义[J]. 中国科学：地球科学，44(6)：1244-1252.

谢树成，胡超涌，顾延生，等，2015. 最近 13 ka 以来长江中游古水文变化[J]. 地球科学，40(2)：198-205.

谢树成，黄咸雨，杨欢，等，2013. 示踪全球环境变化的微生物代用指标[J]. 第四纪研究，33(1)：1-18.

谢宗强，申国珍，周友兵，等，2017. 神农架世界自然遗产地的全球突出普遍价值及其保护[J]. 生物多样性，25(5)：490-497.

杨平，仝川，2015. 淡水水生生态系统温室气体排放的主要途径及影响因素研究进展[J]. 生态学报，35(20)：6868-6880.

杨洋，2023. 长江中游地区 160 ka BP 以来水文气候变化及湿地碳动态响应[D]. 武汉：中国地质大学(武汉).

殷书柏，李冰，沈方，2014. 湿地定义研究进展[J]. 湿地科学，12(4)：504-514.

印开蒲，王海燕，朱丹 等，2021. 百年变迁——两位东西方植物学家的影像重逢[M]. 成都：四川科学技术出版社.

余忠迪，李辉，巴芳，等，2018. 基于消费者级无人机的城市三维建模[J]. 国土资源遥感，30(2)：67-72.

张甘霖，李德成，2022. 野外土壤描述与采样手册[M]. 北京：科学出版社.

张甘霖，宋效东，吴克宁，2021. 地球关键带分类方法与中国案例研究[J]. 中国科学：地球科学，51(10)：1681-1692.

张光新，尹雄锐，冯夏清，2008. 湿地水文研究的若干热点问题[J]. 湿地科学，6(2)：105-115.

张明明，黄咸雨，陈旭，2021. 我国亚热带泥炭地分布规律及控制因素[J]. 湿地科学，19(6)：753-761.

张姚，崔巧玉，周爱锋，2021. 孢粉浓缩物在 AMS ^{14}C测年研究中的应用及展望[J]. 第四纪研究，41(1)：136-145.

张则友，1982. 神农架沼泽的分布及其形成[J]. 东北师范大学学报自然科学版(1)：95-103.

张兆干，王腊春，2011. 庐山地区地理学野外实习指南[M]. 北京：科学出版社.

赵魁义，1999. 中国沼泽志[M]. 北京：科学出版社.

赵志中，何培元，1997. 神农架地区第四纪冰川遗迹与冰期划分[J]. 地质力学学报，3(2)：18-23.

郑秋凤，张茂恒，李吉均，等，2014. 大九湖钻孔记录的神农架地区中更新世晚期以来的气候环境变化[J]. 地理研究，33(6)：1167-1177.

中国科学院南京土壤研究所土壤系统分类课题组，中国土壤系统分类课题研究协作组，2001. 中国土壤系统分类检索[M]. 3 版. 合肥：中国科技大学出版社.

周明明，李文漪，1993. 神农架大九湖全新世植被与环境[M]//李文漪，姚祖驹. 中国北、中亚热带晚第四纪植被与环境研究. 北京：海洋出版社.

周文昌，史玉虎，崔鸿侠，等，2017. 神农架大九湖湿地保护与管理对策[J]. 湿地科学与管理，13(2)：34-37.

周文昌，史玉虎，潘磊，等，2018. 神农架林区大九湖湿地生态系统服务价值评价[J]. 水土保持通报，38(1)：208-213.

朱芸，2009. 神农架大九湖盆地 61 ka BP 以来的环境与气候变化[D]. 南京：南京师范大学.

朱兆泉，宋朝枢，1999. 神农架自然保护区科学考察集[M]. 北京：中国林业出版社.

朱宗敏，陈林，王家生，2019. 北戴河地质认知实习指导书[M]. 武汉：中国地质大学出版社.

AGUS F, HAIRIAH K, MULYANI A, 2010. Measuring carbon stock in peat soils: practical guidelines[M]. Bogor, Indonesia: World Agroforestry Centre.

BRAGG O M, 2002. Hydrology of peat-forming wetlands in Scotland[J]. Science of the Total Environment, 294(1/3): 111-129.

BRIDGHAM S D, CADILLO-QUIROZ H, KELLER J K, et al., 2013. Methane emissions from wetlands: biogeochemical, microbial, and modeling perspectives from local to global scales[J]. Global Change Biology, 19(5): 1325-1346.

CAO Y, CHEN X, BU Z, et al., 2017. Spatial variations in the surface water chemistry of subtropical peatlands (Central China) linked to anthropogenic pressures[J]. Water, 9(7): 505.

CHAMBERS F M, BOOTH R K, DE VLEESCHOUWER F, et al., 2012. Development and refinement of proxy-climate indicators from peats[J]. Quaternary International, 268: 21-33.

CHARMAN D, 2002. Peatlands and environmental change[M]. Chichester: John Wiley & Sons.

CHEN X, MCGOWAN S, BU Z, et al., 2022. Diatom-inferred microtopography formation in peatlands[J]. Earth Surface Processes and Landforms, 47: 672-687.

CHEN X, MCGOWAN S, QIN B, et al., 2021. Effects of climate change on a subtropical montane peatland over the last two centuries: evidence from diatom records[J]. The Holocene, 31(7), 1112-1123.

CHEN X, STEVENSON M, ZENG L, et al., 2017. Diatom distribution in an alpine basin (central China) in relation to environmental factors and substrata [J]. Diatom Research, 32(3): 251-262.

CONVENTION ON WETLANDS, 2021. Global guidelines for peatland rewetting and restoration. Ramsar Technical Report No. 11 [R]. Gland, Switzerland: Secretariat of the Convention on Wetlands.

CORSETTI F A, 2015. Research focus: life during Neoproterozoic snowball Earth[J]. Geology, 43 (6): 559-560.

CRUMP J, 2017. Smoke on water: countering global threats from peatland loss and degradation—A rapid response assessment [R]. Nairobi and Arendal: United Nations Environment Programme and GRID-Arendal.

DE VLEESCHOUWER F, CHAMBERS F M, SWINDLES G T, 2010. Coring and subsampling of peatlands for palaeoenvironmental research[J]. Mires and Peat, 7(1): 1-10.

DEDYSH S N, PANKRATOV T A, BELOVA S E, et al., 2006. Phylogenetic analysis and in situ identification of bacteria community composition in an acidic *Sphagnum* peat bog [J]. Applied and Environmental Microbiology, 72(3): 2110-2117.

DI BONITO M, BREWARD N, CROUT N, et al., 2008. Overview of selected soil pore water extraction methods for the determination of potentially toxic elements in contaminated soils: operational and technical aspects[M]. New York: Elsevier.

DYUKAREV E, ZAROV E, ALEKSEYCHIK P, et al., 2021. The multiscale monitoring of peatland ecosystem carbon cycling in the middle Taiga Zone of western Siberia: the Mukhrino bog case study[J]. Land, 10(8): 824.

EVANS C D, PEACOCK M, BAIRD A J, et al., 2021. Overriding water table control on managed peatland greenhouse gas emissions[J]. Nature, 593: 548-552.

FISHER M M, REDDY K R, 2013. Soil pore water sampling methods[M]//DELAUNE R D, REDDY K R, RICHARDSON C J, Methods in biogeochemistry of wetlands. Wiley online Library.

GOGO S, PAROISSIEN J B, LAGGOUN-DÉFARGE F, et al., 2021. The information system of the French Peatland Observation Service: Service National d′ Observation Tourbières—A valuable tool to assess the impact of global changes on the hydrology and biogeochemistry of temperate peatlands through long term monitoring[J]. Hydrological Processes, 35(6), e14244.

HANSON P J, RIGGS J S, NETTLES W R, et al., 2017. Attaining whole-ecosystem warming using air and deep-soil heating methods with an elevated CO_2 atmosphere[J]. Biogeosciences, 14: 861-883.

HUANG X, MEYERS P A, JIA C, et al., 2013. Paleotemperature variability in central China during the last 13 ka recorded by a novel microbial lipid proxy in the Dajiuhu peat deposit[J]. The Holocene, 23(8): 1123-1129.

HUANG X, PANCOST R D, XUE J, et al., 2018. Response of carbon cycle to drier conditions in the mid-Holocene in central China[J]. Nature Communications, 9: 1369.

HUANG X, XUE J, WANG X, et al., 2013. Paleoclimate influence on early diagenesis of plant triterpenes in the Dajiuhu Peatland, central China[J]. Geochimica et Cosmochimica Acta, 123: 106-119.

KEDDY P A, 2010. Wetland ecology: principles and conservation [M]. 2nd ed. Cambridge: Cambridge University Press.

KOSTKA J E, WESTON D J, GLASS J B, et al., 2016. The *Sphagnum* microbiome: new insights from an ancient plant lineage[J]. New Phytologist, 211: 57-64.

LAMENTOWICZ M, SłOWI ŃSKA S, SłOWI ŃSKI M, et al., 2016. Combing short-term manipulative experiments with long-term palaeoecological investigations at high resolution to assess the response of *Sphagnum* peatlands to drought, fire and warming[J]. Mires and Peat, 18(20): 1-17.

LI D, LUO G, YANG H, et al., 2002. Characteristics of the carbon cycle in late

Mesoproterozoic:evidence from carbon isotope composition of paired carbonate and organic matter of the Shennongjia Group in South China[J]. Precambrian Research,377:106726.

LI H,CHEN L,WANG Z,et al.,2019. Mapping of river terraces with low-cost UAS based structure-from-motion photogrammetry in a complex terrain setting[J]. Remote Sensing,11:464.

LI J,XIE S,KUANG M,2001. Geomorphic evolution of the Yangtze Gorges and the time of their formation[J]. Geomorphology,41(2):125-135.

LIU C, LIU J, ZHOU C, et al., 2021. Redox potential and C/N ratio predict the structural shift of mercury methylating microbe communities in a subalpine *Sphagnum* peatland[J]. Geoderma,403:115375.

LIU H,GU Y,GE J,et al.,2022. The response of the Dajiuhu Peatland ecosystem to hydrological variations:Implications for carbon sequestration and peatlands conservation[J]. Journal of Hydrology,612:128307.

LIU Y, ZHANG S, LI H, et al., 2024. New paleomagnetic results from the late Mesoproterozoic Luanshigou Formation, Shennongjia Group in south China and their implications for the pre-Grenvillian connections between south China blocks and southwestern Laurentia[J]. Journal of Geophysical Research:Solid Earth,29:e2023JB027411.

LOISEL J,BUNSEN M,2020. Abrupt fen-bog transition across southern Patagonia: timing,causes,and impacts on carbon sequestration[J]. Frontiers in Ecology and Evolution, 8:273.

MA L,ZHU G,CHEN B,et al.,2022. A globally robust relationship between water table decline,subsidence rate,and carbon release from peatlands[J]. Communication Earth & Environment,3:254.

MANDER Ü, ESPENBERG M, MELLING L, et al., 2024. Peatland restoration pathways to mitigate greenhouse gas emissions and retain peat carbon[J]. Biogeochemistry, 167:523-543.

MITSCH W J,GOSSELINK J G,2015. Wetlands(5th ed.)[M]. New York:John Wiley & Sons.

NAAFS B D A,INGLIS G N,BLEWETT J,et al.,2019. The potential of biomarker proxies to trace climate,vegetation,and biogeochemical processes in peat:a review[J]. Global and Planetary Change,179:57-79.

NATIONAL RESEARCH COUNCIL, 2001. Basic research opportunities in earth sciences[M]. Washington D C:National Academy Press.

NING Y,LIU J,HUANG X,et al.,2021. Geochemical cycle of mercury associated with wet deposition and inflows in a subalpine wetland[J]. Ecotoxicology and Environmental Safety,208:111507.

NUNGESSER M K,2023. Modelling microtopography in boreal peatlands: hummocks and hollows[J]. Ecological Modelling,165:175-207.

PAGE S E,BAIRD A J,2016. Peatlands and global change:response and resilience[J]. Annual Review of Environment and Resources,41:35-57.

PANCOST R D, 2024. Biomarker carbon and hydrogen isotopes reveal changing peatland vegetation,hydroclimate and biogeochemical tipping points[J]. Quaternary Science Reviews,339:108828.

QIN Y,LI H,MAZEI Y,et al.,2021a. Developing a continental-scale testate amoeba hydrological transfer function for Asian peatlands[J]. Quaternary Science Reviews, 258:106868.

QIN Y,MAN B,KOSAKYAN A,et al.,2016. *Nebela jiuhuensis n*ov. sp. (Amoebozoa; Arcellinida; Hyalospheniidae): a new member of the *Nebela saccifera-equicalceus-ansata* group described from *Sphagnum* peatlands in South-Central China[J]. Journal of Eukaryotic Microbiology,63(5):558-566.

QIN Y, PUPPE D, LI HUI, et al., 2022. Peatland degradation in Asia threatens the biodiversity of testate amoebae (Protozoa) with consequences for protozoic silicon cycling[J]. Geoderma,420:115870.

QIN Y,PUPPE D,ZHANG L H,et al.,2021b. How does *Sphagnum* growing affect testate amoeba communities and corresponding protozoic Si pools? Results from field analyses in SW China[J]. Microbial Ecology,82:459-469.

QIU X, YANG H, LU S, et al., 2015. Geochronology and geochemistry of Grenville-aged [(1063±16) Ma] metabasalts in the Shennongjia District, Yangtze Block: implications for tectonic evolution of the South China Craton[J]. International Geology Review,57 (1), 76-96.

REIMER P J, AUSTIN W E N, BARD E, et al., 2020. The IntCal20 Northern Hemisphere radiocarbon age calibration curve (0-55 cal kBP) [J]. Radiocarbon, 62 (4): 725-757.

ROTHERHAM I D, 2020. Peatlands: ecology, conservation and heritage[M]. New York:Routledge.

RYDIN H,GUNNARSSON U,SUNDBERG S,2006. The role of Sphagnum in peatland development and persistence[M]// Wieder R K, Vitt D H. Boreal Peatland Ecosystems, Ecological Studies. Berlin,Heidelberg:Springer,47-65.

RYDIN H,JEGLUM J K,2013. The biology of peatlands [M]. 2nd ed. Oxford,UK: Oxford University Press.

SANTOS G M,SOUTHON J R,GRIFFIN S,et al.,2007a. Ultra small-mass AMS ^{14}C sample preparation and analyses at KCCAMS/UCI Facility [J]. Nuclear Instruments and Methods in Physics Research B,259:293-302.

SCHUMANN M,JOOSTEN H,2008. Global peatland restoration manual[R]. Institute of Botany and Landscape Ecology,Greif Swald University,Germany. 68 .

SEEBERG-ELVERFELDT J, SCHLÜTER M, FESEKER T, et al., 2005. Rhizon sampling of porewaters near the sediment-water interface of aquatic systems[J]. Limnology and Oceanography: Methods, 3(8): 361-371.

SJÖRS H, GUNNARSSON U, 2002. Calcium and pH in north and central Swedish mire waters[J]. Journal of Ecology, 90: 650-657.

SONG H, AN Z, YE Q, et al., 2023. Mid-latitudinal habitable environment for marine eukaryotes during the waning stage of the Marinoan snowball glaciation[J]. Nature Communications, 14: 1564.

THORMANN M N, RICE A V, 2007. Fungi from peatlands[J]. Fungal Diversity, 24: 241-299.

TORN M S, CHABBI A, CRILL P, et al., 2015. A call for international soil experiment networks for studying, predicting, and managing global change impacts[J]. Soil, 1: 575-582.

VAN DAM H, MERTENS A, SINKELDAM J, 1994. A coded checklist and ecological indicator values of freshwater diatoms from the Netherlands[J]. Netherland Journal of Aquatic Ecology, 28(1): 117-133.

WANG R, WANG H, XI Z, et al., 2022. Hydrology driven vertical distribution of prokaryotes and methane functional groups in a subtropical peatland[J]. Journal of Hydrology, 608: 127592.

XIE S, EVERSHED R P, HUANG X, et al., 2013. Concordant monsoon-driven postglacial hydrological changes in peat and stalagmite records and their impacts on prehistoric cultures in central China[J]. Geology, 41: 827-830.

XU J, MORRIS P J, LIU J, 2018. Peatmap: refining estimates of global peatland distribution based on a meta-analysis[J]. Catena, 160: 134-140.

YANG G, ZHANG Y, HUANG X, 2025. Fluctuations of water table level in a subtropical peatland, central China[J]. Journal of Earth Science, in press. https://doi.org/10.1007/s12583-022-1752-8.

YANG Y, ZHANG Y, ZHANG H, et al., 2023. Quantitative reconstruction of the relative humidity by a coupled $\delta^{18}O$-$\delta^{2}H$ approach during the Younger Dryas in central China [J]. Quaternary Science Reviews, 299: 107879.

YE Q, TONG J, XIAO S, et al., 2015. The survival of benthic macroscopic phototrophs on a Neoproterozoic snowball Earth[J]. Geology, 43(6): 507-510.

YU T, HU H, ZENG X, et al., 2023. Widespread *Bathyarchaeia* encode a novel methyltransferase utilizing lignin-derived aromatics[J]. Mlife, 2(3): 272-82.

ZHANG Y, HUANG X, ZHANG Z, et al., 2022. Spatiotemporal dynamics of dissolved organic carbon in a subtropical wetland and their implications for methane emissions[J]. Geoderma, 419: 115876.

ZHANG Y, NAAFS B D A, HUANG X, et al., 2022. Variations in wetland hydrology drive rapid changes in the microbial community, carbon metabolic activity, and greenhouse gas fluxes[J]. Geochimica et Cosmochimica Acta, 317: 269-285.

ZHAO C, CHEN W, TIAN Z, et al., 2005. Altitudinal pattern of plant species diversity in Shennongjia Mountains, Central China[J]. Journal of Integrative Plant Biology, 47(12): 1431-1449.

附录 1　图版

图版 1　大九湖湿地主要植物

泥炭藓

金发藓

沼泽皱缩藓

睡菜

羽毛荸荠

华刺子莞

红穗苔草

拂子茅

乳浆大戟

地榆

毛叶藜芦

绣线菊

鸡树条

湖北海棠

长叶冻绿

红桦

图版2 主要硅藻属种扫描电子显微镜图

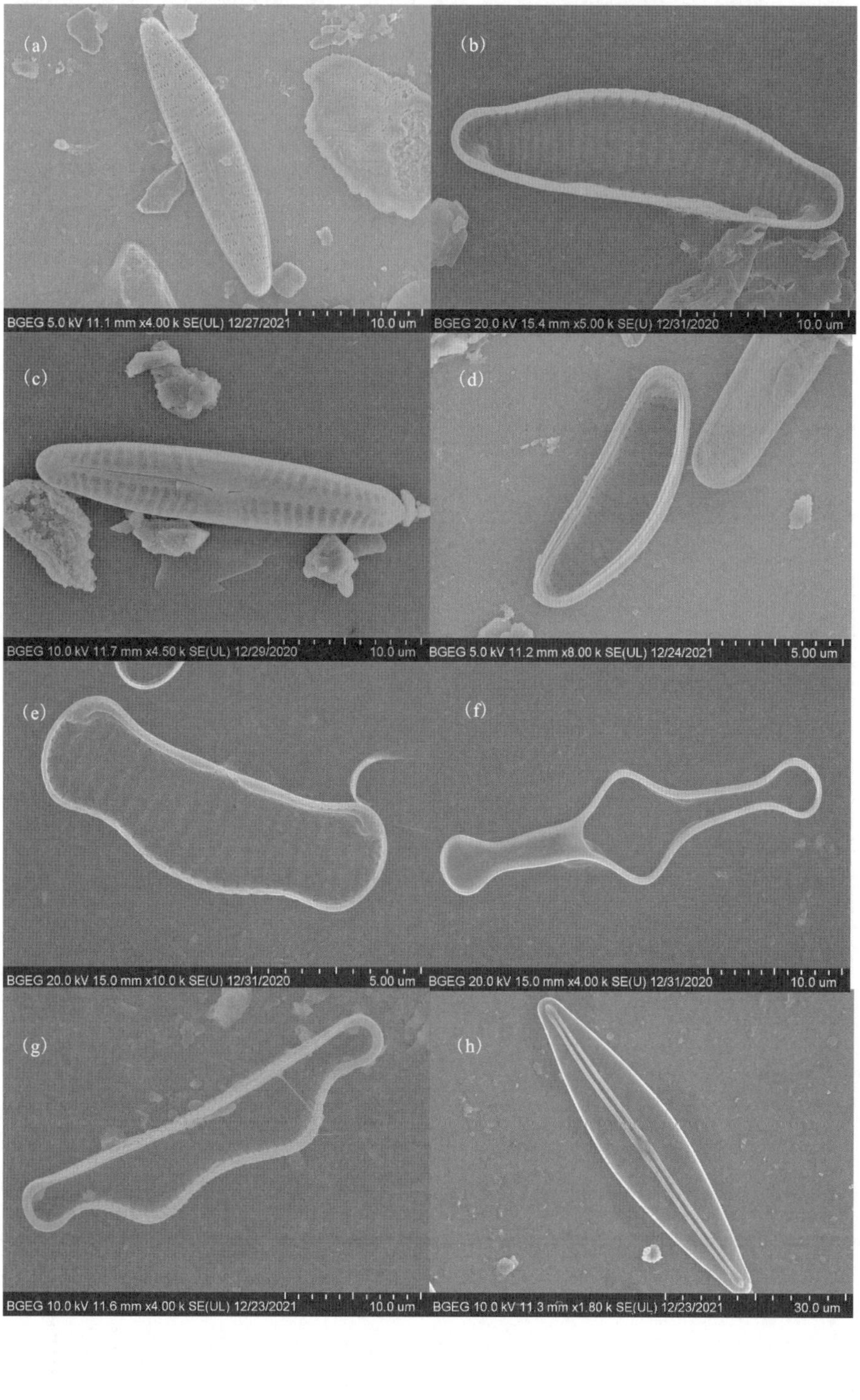

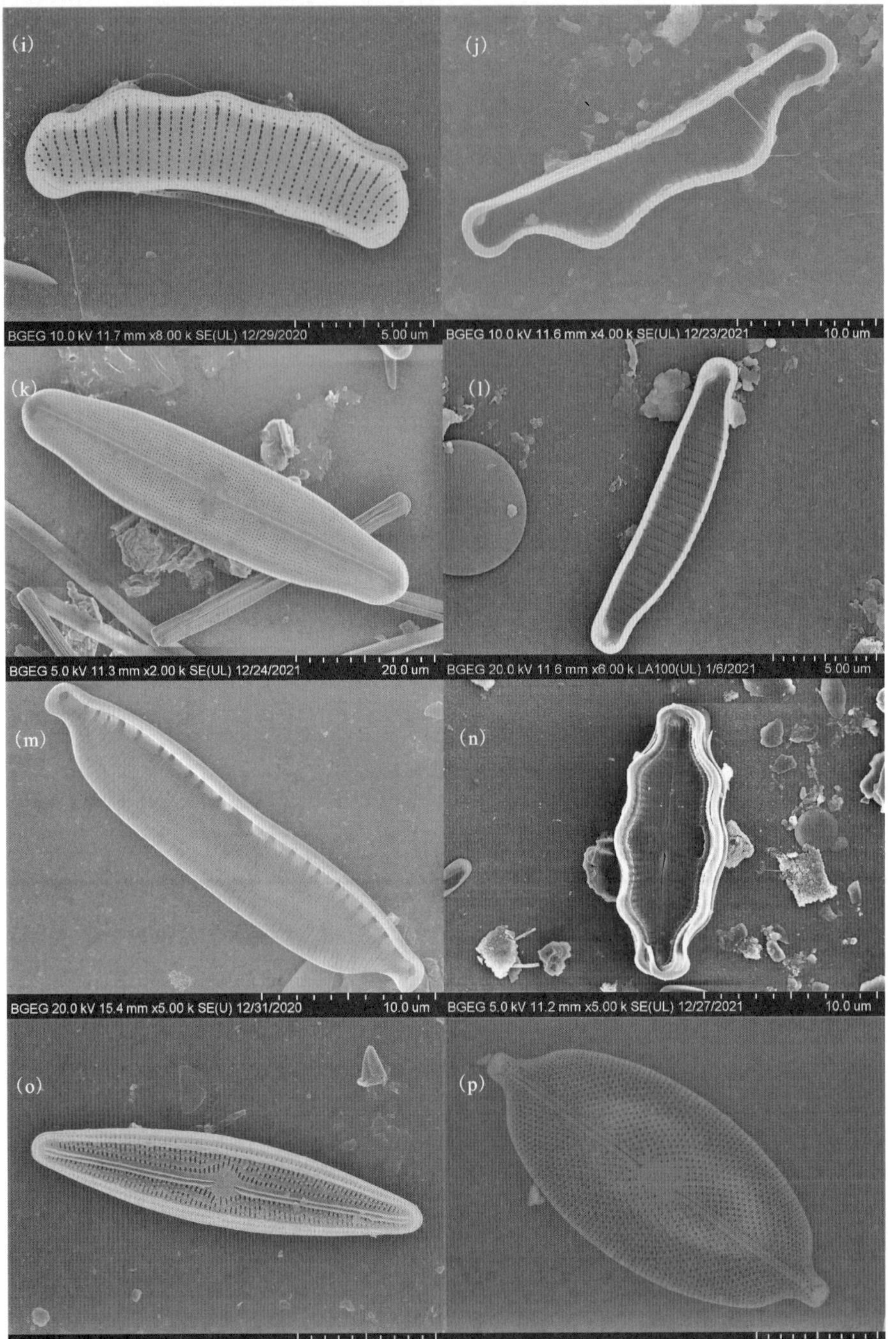

(a)*Encyonema perpusillum*；(b)*Eunotia minor*；(c)*Pinnularia sinistra*；(d)*Eunotia seminulum*；(e)*Eunotia exigua*；(f) *Tabellaria flocculosa*；(g) *Eunotia circumborealis*；(h) *Frustulia crassinervia*；(i) *Eunotia muscicola*；(j) *Eunotia circumborealis*；(k) *Neidium affine*；(l) *Eunotia paludosa*；(m) *Hantzschia amphioxys*；(n)*Luticola nivalis*；(o)*Brachysia brebissonii*；(p)*Decussata placenta*

图版3 泥炭地有壳变形虫光学显微镜照片

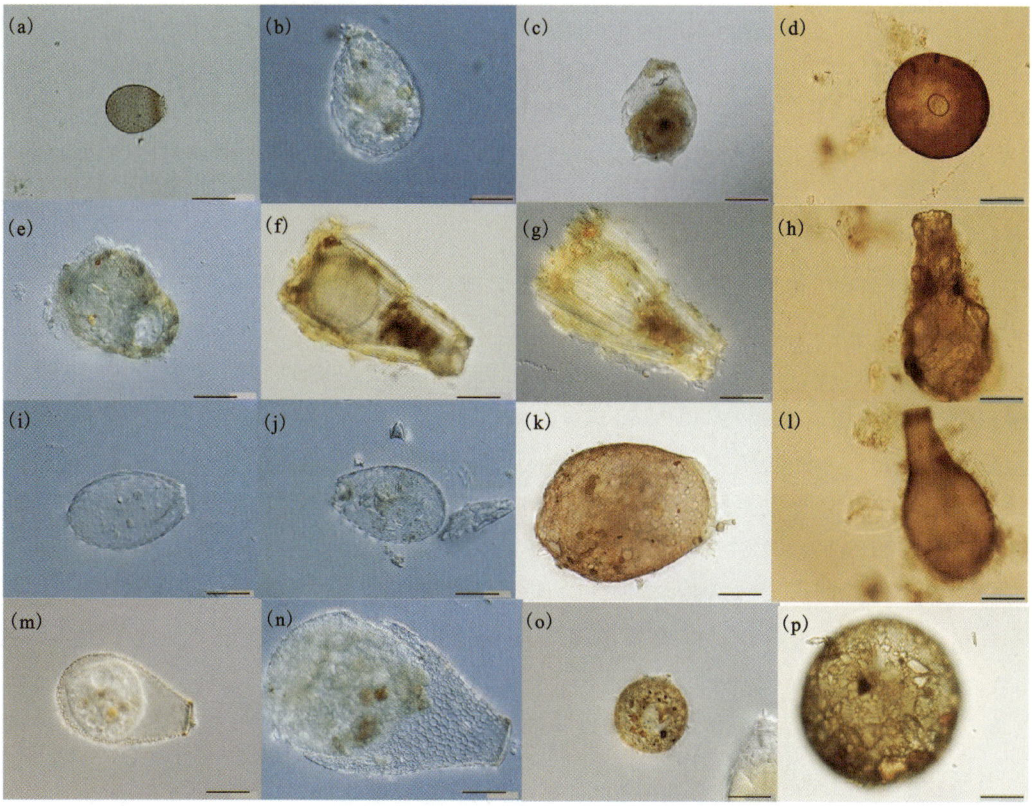

(a)*Assulina muscorum*;(b)*Argynnia dentistoma*;(c)*A. caudata*;(d)*Arcella catinus*-type;(e)*Centropyxis cassis*-type;(f-g) *Difflugia bacillifera*;(h) *D. oblonga*-type;(i-j) *Euglypha ciliata* (*strigosa*)-type;(k)*Heleopera rosea*;(l) *Habrotrocha angusticollis* (轮虫);(m) *Nebela tincta-collaris*-type;(n) *Nebela jiuhuensis* Qin,2016(新物种);(o)*Phryganella acropodia*;(p)*Trigonopyxis arcula*

注:图 e、i-k 比例尺为 20 μm,其余为 50 μm。图片来自(Qin et al. 2016,2021b)。

附录2 大九湖主要学术论文清单

1. 楼同茂，1942. 高山垦殖举例——大巴山上大九湖[J]. 地理(3/4)：33-38.

2. 张则友，1982. 神农架沼泽的分布及其形成[J]. 东北师大学报(自然科学版)(1)：95-103.

3. 景才瑞，傅爱民，1986. 神农架大九湖地区更新世冰川遗迹的初步研究[J]. 华中师范大学学报(自然科学版)，20(3)：345-356.

4. 刘光琇，1990. 神农架大九湖地区表土孢粉分析[J]. 西北植物学报，10(3)：170-175.

5. 伍维周，1996. 神农架距今25000～12000年前的孢粉组合及其意义[J]. 湖北大学学报(自然科学版)，18(3)：103-105.

6. 赵志中，何培元，1996. 神农架地区第四纪沉积与环境[J]. 地质力学学报，2(3)：98-99.

7. 赵志中，何培元，1997. 神农架地区第四纪冰川遗迹与冰期划分[J]. 地质力学学报，3(2)：20-25.

8. 刘会平，唐晓春，孙东怀，等，2001. 神农架大九湖12.5 kaB P以来的孢粉与植被序列[J]. 微体古生物学报，18(1)：101-109.

9. 彭丹，刘胜祥，黎维平，等，2001. 神农架大九湖泥炭藓 *Sphagnum palustre* 沼泽特征分析[J]. 贵州科学，19(4)：101-104，80.

10. 朱诚，马春梅，张文卿，等，2006. 神农架大九湖15.753 kaB. P. 以来的孢粉记录和环境演变[J]. 第四纪研究，26(5)：814-826.

11. 李静霞，李佳，党海山，等，2007. 神农架大九湖湿地公园的植被现状与保护对策[J]. 武汉植物学研究，25(6)：605-611.

12. 尹发能，王学雷，余璟，2007. 大九湖土地利用变化及其对湿地生态环境的影响研究[J]. 华中师范大学学报(自然科学版)，41(1)：148-151.

13. ZHAO Y, HOLZER A, YU Z, 2007. Late Holocene natural and human-induced environmental change reconstructed from peat records in eastern central China[J]. Radiocarbon, 49(2)：789-798.

14. 杜耘，蔡述明，王学雷，等，2008. 神农架大九湖亚高山湿地环境背景与生态恢复[J]. 长江流域资源与环境，17(6)：915-919.

15. 何报寅，徐贵来，杜耘，等，2008. 神农架大九湖盆地岩溶塌陷的高分辨率遥感调查[J]. 华中师范大学学报(自然科学版)，42(3)：458-461.

16. 马春梅，朱诚，郑朝贵，等，2008. 晚冰期以来神农架大九湖泥炭高分辨率气候变化的地球化学记录研究[J]. 科学通报，53(S1)：26-37.

17. 石敏，喻建新，顾延生，等，2008. 神农架大九湖晚更新世与全新世之交的气候变化——来自孢粉的信息[J]. 地质科技情报，27(6)：24-28.

18. 余璟，王学雷，吴宜进，等，2008. 神农架大九湖景观格局变化与湿地生态恢复对策[J]. 华中农业大学学报，27(1)：122-126.

19. HUANG X, XIE S, ZHANG C L, et al., 2008. Distribution of aliphatic *des*-A-triterpenoids in the Dajiuhu peat deposit, southern China[J]. Organic Geochemistry, 39(12): 1765-1771.

20. QIN Y, XIE S, GU Y, 2008. *Pontigulasia pangulostoma* nov. spec., a new testate amoeba from the peat land of Shennongjia Mountains, China[J]. Acta Protozoologica, 47(2): 155-160.

21. 朱芸，陈晔，赵志军，等，2009. 神农架大九湖泥炭藓泥炭 α-纤维素$\delta^{13}C$记录的 1000～4000 a BP 间环境变化[J]. 科学通报，54(20)：3108-3116.

22. XIAO F, DU Y, WANG X, 2009. Remote-sensing and modeling of the potential suitable sites for restoration in Dajiuhu sub-alpine wetland [C]//2009 International Conference on Environmental Science and Information Application Technology, Wuhan, China.

23. ZHANG Z, WANG C, QIU X, et al., 2009. Occurrence of highly abundant bacterial hopanoids in Dajiuhu peatland, central China[J]. Frontiers of Earth Science in China, 3: 320-326.

24. HUANG X, WANG C, XUE J, et al., 2010. Occurrence of diploptene in moss species from the Dajiuhu Peatland in southern China[J]. Organic Geochemistry, 41(3): 321-324.

25. QIN Y, WANG J, XIE S, et al., 2010. Morphological variation and habitat selection of testate amoebae in Dajiuhu peatland, Central China[J]. Journal of Earth Science, 21 (special issue): 253-256.

26. ZHU C, MA C, YU S H I Y, et al., 2010. A detailed pollen record of vegetation and climate changes in Central China during the past 16 000 years[J]. Boreas, 39(1): 69-76.

27. HUANG X, MEYERS P A, WU W, et al., 2011. Significance of long chain *iso* and *anteiso* monomethyl alkanes in the Lamiaceae (mint family)[J]. Organic Geochemistry, 42(2): 156-165.

28. HUANG X, WANG C, ZHANG J, et al., 2011. Comparison of free lipid compositions between roots and leaves of plants in the Dajiuhu Peatland, central China[J]. Geochemical Journal, 45(5): 365-373.

29. QIN Y, XIE S, SMITH H G, et al., 2011. Diversity, distribution and biogeography of testate amoebae in China: implications for ecological studies in Asia[J]. European Journal of Protistology, 47(1): 1-9.

30. QIN Y, XIE S, 2011. Moss-dwelling testate amoebae and their community in Dajiuhu peatland of Shennongjia Mountains, China[J]. Journal of Freshwater Ecology, 26(1): 3-9.

31. 秦养民，张文静，李鸿凯，等，2011. 中国有壳变形虫 Argynnia (Vucetich，1974)属的修订及若干环境重建问题探讨[J]. 第四纪研究，31(6)：1060-1066.

32. HUANG X，MEYERS P A，YU J，et al.，2012. Moisture conditions during the Younger Dryas and the early Holocene in the middle reaches of the Yangtze River，central China[J]. The Holocene，22(12)：1473-1479.

33. QIN Y，PAYNE R J，GU Y，et al.，2012. Ecology of testate amoebae in Dajiuhu peatland of Shennongjia Mountains，China，in relation to hydrology[J]. Frontiers of Earth Science，6：57-65.

34. 姜刘志，王学雷，厉恩华，等，2013. 生态恢复前后神农架大九湖湿地土地利用变化研究[J]. 华中师范大学学报(自然科学版)，47(2)：282-286.

35. 李杰，郑卓，Rachid Cheddadi，等，2013. 神农架大九湖四万年以来的植被与气候变化[J]. 地理学报，68(1)：69-81.

36. 刘乔，王红梅，龚林锋，等，2013. 湖北神农架大九湖泥炭地泥炭藓共生细菌群落分析[J]. 第四纪研究，33(1)：79-87.

37. 潘晓斌，何意，阎梅，等，2013. 神农架大九湖水文水资源现状分析与保护对策[J]. 湖北农业科学，52(13)：3033-3037.

38. 秦养民，王翰林，张千帆，等，2013. 长江中游泥炭湿地有壳变形虫空间分布及其对水化学因子的响应[J]. 第四纪研究，33(1)：26-33.

39. 谭开甲，周晓庆，张志麒，2013. 半个世纪辩证发展七年光阴涅槃重生——神农架大九湖湿地开发与保护纪实[C]//中国国家林业局，山东省政府. 第三届中国湿地文化节暨东营国际湿地保护交流会议论文集：432-436.

40. 余明勇，姚玲，2013. 神农架大九湖保护涉水工程对湿地生态环境的影响[J]. 中国农村水利水电(12)：57-61，64.

41. 赵素婷，厉恩华，蔡晓斌，等，2013. 鄂西亚高山泥炭藓沼泽湿地高等植物多样性研究[J]. 长江流域资源与环境，22(4)：468-475.

42. 朱芸，赵志军，陈晔，等，2013. 神农架泥炭记录的 MIS 3 阶段环境变化及千年尺度气候波动[J]. 第四纪研究，33(1)：155-166.

43. HUANG X，MEYERS P A，JIA C，et al.，2013. Paleotemperature variability in central China during the last 13 ka recorded by a novel microbial lipid proxy in the Dajiuhu peat deposit[J]. The Holocene，23(8)：1123-1129.

44. HUANG X，XUE J，WANG X，et al.，2013. Paleoclimate influence on early diagenesis of plant triterpenes in the Dajiuhu peatland，central China[J]. Geochimica et Cosmochimica Acta，123：106-119.

45. LI J，ZHENG Z，HUANG K，et al.，2013. Vegetation changes during the past 40，000 years in Central China from a long fossil record[J]. Quaternary International，310：221-226.

46. QIN Y，MITCHELL E A D，LAMENTOWICZ M，et al.，2013. Ecology of testate

amoebae in peatlands of central China and development of a transfer function for paleohydrological reconstruction[J]. Journal of Paleolimnology,50:319-330.

47. XIANG W, WAN X, YAN S, et al., 2013. Inhibitory effects of drought induced acidification on phenol oxidase activities in *Sphagnum*-dominated peatland[J]. Biogeochemistry, 116:293-301.

48. XIE S, EVERSHED R P, HUANG X, et al., 2013. Concordant monsoon-driven postglacial hydrological changes in peat and stalagmite records and their impacts on prehistoric cultures in central China[J]. Geology,41(8):827-830.

49. 杜明,盛桂莲,2014. 神农架大九湖湿地泥炭藓遗传多样性 RAPD 研究[J]. 华中师范大学学报(自然科学版),48(5):717-721.

50. 向兴,王红梅,龚林锋,等,2014. 细菌群落在神农架大九湖泥炭藓与表层沉积物的垂向变化及其生态意义[J]. 中国科学:地球科学,44(6):1244-1252.

51. 张于光,宿秀江,丛静,等,2014. 神农架土壤微生物群落的海拔梯度变化[J]. 林业科学,50(9):161-166.

52. 郑秋凤,张茂恒,李吉均,等,2014. 大九湖钻孔记录的神农架地区中更新世晚期以来的气候环境变化[J]. 地理研究,33(6):1167-1177.

53. CHEN X, QIN Y, STEVENSON M A, et al., 2014. Diatom communities along pH and hydrological gradients in three montane mires, central China[J]. Ecological Indicators, 45:123-129.

54. HUANG X, MEYERS P A, XUE J, et al., 2014. Cryptic abundance of long-chain *iso* and *anteiso* alkanes in the Dajiuhu peat deposit, central China[J]. Organic Geochemistry, 66: 137-139.

55. HUANG X, XUE J, MEYERS P A, et al., 2014. Hydrologic influence on the $\delta^{13}C$ variation in long chain *n*-alkanes in the Dajiuhu peatland, central China[J]. Organic Geochemistry(69):114-119.

56. 罗涛,伦子健,顾延生,等,2015. 神农架大九湖湿地植物群落调查与生态保护研究[J]湿地科学,13(2):153-160.

57. 谢树成,胡超涌,顾延生,等,2015. 最近 13 ka 以来长江中游古水文变化[J]. 地球科学,40(2):198-205.

58. 张志麒,王莉,黎宏林,等,2015. 湖北神农架大九湖湿地鸟类研究[J]. 湖北林业科技, 44(3):33-36.

59. BOBROV A, QIN Y, WILKINSON D M, 2015. Latitudinal diversity gradients in free-living microorganisms-*Hoogenraadia* a key genus in testate amoebae biogeography[J]. Acta Protozoologica,54(1):1-8.

60. FANG Y, MA C, MAO L, et al., 2015. Surface pollen spectra from Shennongjia Mountains, central China: an interpretation aid to Quaternary pollen deposits[J]. Review of Palaeobotany and Palynology,214:40-50.

61. GONG L, WANG H, XIANG X, et al., 2015. pH shaping the composition of *sqhC*-containing bacterial communities[J]. Geomicrobiology Journal, 32: 433-444.

62. HE Y, ZHAO C, ZHENG Z, et al., 2015. Peatland evolution and associated environmental changes in central China over the past 40,000 years[J]. Quaternary Research, 84(2): 255-261.

63. HUANG X, MEYERS P A, XUE J, et al., 2015. Environmental factors affecting the low temperature isomerization of homohopanes in acidic peat deposits, central China[J]. Geochimica et Cosmochimica Acta, 154: 212-228.

64. XIAO J, XIAO X, ZHANG M, et al., 2015. Late Pleistocene montane vegetation and climate history from the Dajiuhu Basin in the western Hubei Province of Central China[J]. Review of Palaeobotany and Palynology, 222: 22-32.

65. 黄咸雨，谢树成，2016. 泥炭沉积分子古气候研究进展[J]. 第四纪研究，36(3): 666-675.

66. CHEN X, BU Z, STEVENSON M A, et al., 2016. Variations in diatom communities at genus and species levels in peatlands (Central China) linked to microhabitats and environmental factors[J]. Science of the Total Environment, 568: 137-146.

67. Li Y, Ma C, Zhou B, et al., 2016. Environmental processes derived from peatland geochemistry since the last deglaciation in Dajiuhu, Shennongjia, central China[J]. Boreas, 45(3): 423-438.

68. LI Y, MA C, ZHU C, et al., 2016. Historical anthropogenic contributions to mercury accumulation recorded by a peat core from Dajiuhu montane mire, Central China[J]. Environmental Pollution, 216: 332-339.

69. QIN Y, MAN B, KOSAKYAN A, et al., 2016. *Nebela jiuhuensis* nov. sp. (Amoebozoa; Arcellinida; Hyalospheniidae): A new member of the *Nebela saccifera-equicalceus-ansata* Group Described from *Sphagnum* Peatlands in South-Central China[J]. Journal of Eukaryotic Microbiology, 63(5): 558-566.

70. WANG X, HUANG X, SACHSE D, et al., 2016. Comparisons of lipid molecular and carbon isotopic compositions in two particle-size fractions from surface peat and their implications for lipid preservation[J]. Environmental Earth Sciences, 75: 1-13.

71. ZHANG W, YAN H, CHENG P, et al., 2016. Peatland development and climate changes in the Dajiuhu basin, central China, over the last 14,100 years[J]. Quaternary International, 425: 273-281.

72. 伦子健，顾延生，刘红叶，等，2016. 神农架大九湖湿地表土植硅体记录及其环境意义[J]. 第四纪研究，36(3): 656-665.

73. 黄咸雨，张志麒，王红梅，等，2017. 神农架大九湖泥炭湿地关键带监测进展[J]. 地球科学，42(6): 1026-1038.

74. 金梦云，邢新丽，柯艳萍，等，2017. 神农架大九湖大气中的多环芳烃[J]. 环境科学，38

(5):1760-1768.

75. 李俊,刘梅群,高健,等,2017. 神农架大九湖湿地实施生态恢复工程后鱼类种类组成分析[J]. 生态科学,36(1):159-164.

76. 李艳元,葛继稳,彭凤姣,等,2017. 神农架大九湖泥炭湿地 CH_4 通量特征及其影响因子[J]. 地球科学,42(5):832-842.

77. 李远平,马春梅,朱诚,等,2017. 大九湖泥炭地距今 16000 年以来 Hg 沉积记录及影响因子[J]. 中国环境科学,37(3):1103-1110.

78. 彭凤姣,葛继稳,李艳元,等,2017. 神农架大九湖泥炭湿地 CO_2 通量特征及其影响因子[J]. 生态环境学报,26(3):453-460.

79. 彭凤姣,葛继稳,李永福,等,2017. 神农架大九湖泥炭湿地水汽通量特征及生态意义[J]. 安全与环境工程,24(5):1-8,59.

80. 周文昌,史玉虎,崔鸿侠,等,2017. 神农架大九湖湿地保护与管理对策[J]. 湿地科学与管理,13(2):34-37.

81. CHEN X, STEVENSON M A, ZENG L, et al., 2017. Diatom distribution in an alpine basin (Central China) in relation to environmental factors and substrata[J]. Diatom Research,32(3):251-262.

82. XIANG X, WANG R, WANG H, et al., 2017. Distribution of Bathyarchaeota communities across different terrestrial settings and their potential ecological functions[J]. Scientific Reports,7(1):45028.

83. ZHANG Y, ZHENG M, MEYERS P A, et al., 2017. Impact of early diagenesis on distributions of *Sphagnum n*-alkanes in peatlands of the monsoon region of China[J]. Organic Geochemistry,105:13-19.

84. ZHENG L, HUANG X, 2017. Occurrence of a tetraaromatic hopane in the late Holocene peat deposit, central China[J]. Organic Geochemistry,106:25-29.

85. 巩静,许元钊,薛建涛,等,2018. "九湖梨壳虫(*Nebela jiuhuensis*)"的形态特征及其生态地理学意义[J]. 第四纪研究,38(4):1050-1056.

86. 胡天鹏,邢新丽,柯艳萍,等,2018. 偏远高山湿地土壤中 PAHs 污染特征:以神农架大九湖为例[J]. 环境科学,39(4):1872-1879.

87. 刘金亮,尹希杰,濮鸿雪,等,2018. 大九湖泥炭地现代植物不同组分的 $\delta^{18}O$ 特征及其古气候意义[J]. 第四纪研究,38(4):1024-1034.

88. 刘林峰,周先华,高健,等,2018. 神农架大九湖湿地浮游植物群落结构特征及营养状态评价[J]. 湖泊科学,30(2):417-430.

89. 潘超,刘林峰,高健,等,2018. 神农架大九湖后生浮游动物群落结构和水质评价[J]. 长江流域资源与环境,27(3):564-573.

90. 王东香,张一鸣,王锐诚,等,2018. 神农架大九湖泥炭地孔隙水溶解有机碳特征及其影响因素[J]. 长江流域资源与环境,27(11):2568-2577.

91. 萧家仪,商志远,舒强,等,2018. 中国南方内陆山地末次冰盛期植被特征及古环境意义[J]. 中国科学:地球科学,48(5):651-660.

92. 张永锋,米雨川,梁莉莉,等,2018. 生态移民前、后神农架大九湖沼泽内锯齿藓中的重金属含量变化[J]. 湿地科学,16(4):524-529.

93. 周文昌,史玉虎,潘磊,等,2018. 神农架林区大九湖湿地生态系统服务价值评价[J]. 水土保持通报,38(1):208-213.

94. 朱凯莉,王安琪,黄庭,等,2018. 大九湖泥炭磁化率及腐殖化度记录的18.7 Ka BP气候变化[J]. 长江流域资源与环境,27(4):891-899.

95. BAI X,BU Z J,CHEN X,2018. Morphology of Chrysophycean stomatocysts in three peatlands in central China[J]. Mires and Peat,21(9):1-16.

96. CHEN S,HONG H,HUANG X,et al.,2018. The role of organo-clay associations in limiting organic matter decay: Insights from the Dajiuhu peat soil, central China[J]. Geoderma,320:149-160.

97. HUANG X,PANCOST R D,XUE J,et al.,2018. Response of carbon cycle to drier conditions in the mid-Holocene in central China[J]. Nature Communications,9(1):1369.

98. LIU H, GU Y, LUN Z, et al., 2018. Phytolith-inferred transfer function for paleohydrological reconstruction of Dajiuhu peatland, central China[J]. The Holocene, 28(10):1623-1630.

99. LIU J,CHEN Y,MA L,et al.,2018. The $\delta^{13}C$ of cellulose from modern plants and its responses to the atmosphere-from the peatland records of Dajiuhu, China[J]. The Holocene,28(3):408-414.

100. WANG R C, WANG H M, HUANG X, et al., 2018. Temporal and spatial variations of microbial carbon utilization in water bodies from the Dajiuhu peatland,Central China[J]. Journal of Earth Science,29:969-976.

101. ZHANG W,YAN H,DODSON J,et al.,2018. The 9.2 ka event in Asian summer monsoon area:the strongest millennial scale collapse of the monsoon during the Holocene [J]. Climate Dynamics,50:2767-2782.

102. ZHAO B,ZHANG Y,HUANG X,et al.,2018. Comparison of *n*-alkane molecular, carbon and hydrogen isotope compositions of different types of plants in the Dajiuhu peatland,central China[J]. Organic Geochemistry,124:1-11.

103. 李金群,葛继稳,彭凤姣,等,2019. 大九湖泥炭湿地生态系统碳水通量及水分利用效率研究[J]. 安全与环境工程,26(1):14-25.

104. 李永福,葛继稳,翁闻畅,等,2019. 神农架大九湖泥炭湿地二氧化碳和甲烷排放化学计量比研究[J]. 安全与环境工程,26(4):21-28.

105. 庞毓雯,黄雨馨,俞立鹏,等,2019. 基于MODIS数据的神农架大九湖泥炭藓沼泽植被指数变化研究[J]. 生态学报,39(13):4872-4882.

106. 秦养民,巩静,顾延生,等,2018. 鄂西亚高山泥炭地有壳变形虫生态监测及对水位的指示意义[J]. 地球科学,43(11):4036-4045.

107. 周颖，葛继稳，彭凤姣，等，2019. 神农架大九湖泥炭湿地能量通量及平衡分析[J]. 水生态学杂志，40(4)：14-21.

108. ALFADHEL I, GE J, SINAN Y, et al., 2019. Methane flux and its environmental impact factors in Dajiuhu wetland of Shennongjia[J]. Wuhan University Journal of Natural Sciences, 24(5): 455-460.

109. CAO Y, LANGDON P G, YAN Y, et al., 2019. Chironomid communities from subalpine peatlands in subtropical China as indicators of environmental change[J]. Journal of Paleolimnology, 62: 165-179.

110. FANG Q, HONG H, ALGEO T J, et al., 2019. Microtopography-mediated hydrologic environment controls elemental migration and mineral weathering in subalpine surface soils of subtropical monsoonal China[J]. Geoderma, 344: 82-98.

111. HONG H, CHEN S, FANG Q, et al., 2019. Adsorption of organic matter on clay minerals in the Dajiuhu peat soil chronosequence, South China[J]. Applied Clay Science, 178: 105125.

112. HUANG X, MEYERS P A, 2019. Assessing paleohydrologic controls on the hydrogen isotope compositions of leaf wax *n*-alkanes in Chinese peat deposits[J]. Palaeogeography, Palaeoclimatology, Palaeoecology, 516: 354-363.

113. LIU H, GU Y, HUANG X, et al, 2019. A 13,000-year peatland palaeohydrological response to the ENSO-related Asian monsoon precipitation changes in the middle Yangtze Valley[J]. Quaternary Science Reviews, 212: 80-91.

114. LU F, DODSON J, ZHANG W, et al., 2019. Mid to late Holocene environmental change and human impact: a view from Central China[J]. Quaternary Science Reviews, 223: 105953.

115. SUN J, MA C, CAO X, et al., 2019. Quantitative precipitation reconstruction in the east-central monsoonal China since the late glacial period[J]. Quaternary International, 521: 175-184.

116. TIAN W, WANG H, XIANG X, et al., 2019. Structural variations of bacterial community driven by *Sphagnum* microhabitat differentiation in a subalpine peatland[J]. Frontiers in Microbiology, 10: 1661.

117. XU Y, WANG H, XIANG X, et al., 2019. Vertical variation of nitrogen fixers and ammonia oxidizers along a sediment profile in the Dajiuhu peatland, central China[J]. Journal of Earth Science, 30: 397-406.

118. ZHAO Y, XIANG W, MA M, et al., 2019. The role of laccase in stabilization of soil organic matter by iron in various plant-dominated peatlands: degradation or sequestration? [J]. Plant and Soil, 443: 575-590.

119. ZHAO Y, XIANG W, YAN S, et al., 2019. Laccase activity in *Sphagnum*-dominated peatland: a study based on a novel measurement of delay dynamics (MDD) for

determining laccase activity[J]. Soil Biology and Biochemistry,133:108-115.

120. 谌佳伟,葛继稳,冯亮,等,2020. 神农架大九湖泥炭湿地甲烷通量特征及其与土壤微生物群落组成的关系[J]. 地球科学,45(3):1082-1092.

121. 范韦莹,王学雷,姜刘志,等,2020. 2005 年、2010 年和 2017 年神农架大九湖湿地土地利用格局及其变化[J]. 湿地科学,18(4):437-445.

122. 胡晨,葛继稳,许向南,等,2020. 基于 FAO56 Penman-Monteith 公式估算神农架大九湖泥炭湿地蒸散及作物系数[J]. 应用生态学报,31(5):1699-1706.

123. 蒋浩,葛继稳,刘垚垚,等,2020. 大九湖亚高山泥炭湿地潜热通量特征及其对环境因子的响应[J]. 安全与环境工程,27(4):31-40.

124. 斯南雍茜,葛继稳,李愈,等,2020. 神农架大九湖亚高山典型泥炭湿地土壤养分特征分析[J]. 水土保持学报,34(5):321-326.

125. 翁闻畅,葛继稳,谌佳伟,等,2020. 神农架大九湖亚高山泥炭湿地水汽通量特征及其与相关环境因子的关系[J]. 植物科学学报,38(4):493-505.

126. 赵美玲,张一鸣,张志麒,等,2020. 神农架大九湖不同生境表土磷脂脂肪酸揭示的微生物群落结构差异[J]. 地球科学,45(6):1877-1886.

127. ALFADHEL I,GE J,ISSAKA S,2020. Net Ecosystem CO_2 Flux and Effect Factors in Peatland Ecosystem of Central China [J]. Journal of Geoscience and Environment Protection,8(8):102591.

128. LIU H,GU Y,YU Z,et al. ,2020. Holocene peatland water regulation response to ~1000-year solar cycle indicated by phytoliths in central China[J]. Journal of Hydrology, 589:125169.

129. LIU J,CHEN Y,MAO Y,et al. ,2020. Decrypting stable oxygen isotope variability in modern plants of the Dajiuhu peatland from Hubei Province, China: implications for palaeecology and palaeoenvironments[J]. Palaeogeography,Palaeoclimatology,Palaeoecology, 556:109910.

130. QIN Y,PUPPE D,PAYNE R,et al. ,2020. Land-use change effects on protozoic silicon pools in the Dajiuhu National Wetland Park,China[J]. Geoderma,368:114305.

131. TIAN W, XIANG X, MA L, et al. , 2020. Rare species shift the structure of bacterial communities across Sphagnum compartments in a subalpine peatland[J]. Frontiers in Microbiology,10:3138.

132. WU Z,ZHANG L,LIU D,et al. ,2020. Simulation of evapotranspiration based on BEPS-TerrainLab V2. 0 from 1990 to 2018 in the Dajiuhu Basin[J]. Chinese Geographical Science,30:1095-1110.

133. XING X,MAO Y,HU T,et al. ,2020. Spatial distribution,possible sources and health risks of PAHs and OCPs in surface soils from Dajiuhu Sub-alpine Wetland,central China[J]. Journal of Geochemical Exploration,208:106393.

134. YAN C,ZHANG Y,ZHANG Y,et al. ,2020. Habitat influence on the molecular,

carbon and hydrogen isotope compositions of leaf wax *n*-alkanes in a subalpine basin, central China[J]. Journal of Earth Science, 31: 845-852.

135. ZHANG Y, HUANG X, WANG R, et al., 2020. The distribution of long-chain *n*-alkan-2-ones in peat can be used to infer past changes in pH[J]. Chemical Geology, 544: 119622.

136. 楚禄建,杨晓菁,刘金铃,等,2021. 神农架大九湖两种鲤科鱼重金属污染状况分析[J]. 水生态学杂志,42(4):76-83.

137. 胡苏李扬,李辉,顾延生,等,2021. 基于高分辨率遥感影像的神农架大九湖湿地土地利用类型变化及其驱动力分析——来自长时间尺度多源遥感信息的约束[J]. 国土资源遥感,33(1):221-230.

138. 黄玉冰,赵甜甜,向武,等,2021. 大九湖泥炭沼泽源铁有机配合物的络合稳定性及其生态环境意义[J]. 地球科学,46(5):1862-1870.

139. 莫家勇,张志麒,汪迎春,等,2021. 神农架大九湖湿地的水质净化功能研究[J]. 环境生态学,3(11):79-83.

140. 潘进疆,黄俊华,张蕊,等,2021. 鄂西大九湖晚更新世以来沉积物的碳氮比值、有机碳氮同位素特征与气候环境演变[J]. 第四纪研究,41(4):916-930.

141. 汪迎春,杨敬元,余辉亮,等,2021. 神农架国家公园大九湖湿地水质变化与浮游生物分布特征[J]. 长江流域资源与环境,30(6):1406-1411.

142. 邢晶晶,黄广传,彭超,等,2021. 神农架大九湖湿地公园及周边区域两栖动物和爬行动物概况[J]. 动物学杂志,56(1):28-39.

143. 熊欢欢,金胶胶,莫家勇,等,2021. 神农架大九湖移民搬迁居民能源替代探讨[J]. 长江流域资源与环境,30(6):1521-1525.

144. 张明明,黄咸雨,陈旭,2021. 中国亚热带山区泥炭地分布规律及其控制因素[J]. 湿地科学,19(6):753-761.

145. 张志麒,张一鸣,黄咸雨,等,2021. 神农架大九湖泥炭地溶解有机碳季节性变化及其影响因素[J]. 地质科技通报,40(2):147-155.

146. 周文昌,张曼胤,张志麒,等,2021. 神农架大九湖湿地生态系统服务功能价值评估[J]. 湿地科学与管理,17(2):38-42.

147. BAI X, PIATEK J, WOLOWSKI K, et al., 2021. Chrysophyte stomatocysts and their associations with environmental variables in three peatlands in the subtropical monsoon climate zone of China[J]. Ecological Indicators, 121: 107125.

148. CHEN X, MCGOWAN S, QIN B, et al., 2021. Effects of climate change on a subtropical montane peatland over the last two centuries: Evidence from diatom records[J]. The Holocene, 31(7): 1112-1123.

149. HU T, MAO Y, LIU W, et al., 2021. Deposition records of polycyclic aromatic hydrocarbons and black carbon in peat core from Dajiuhu, Shennongjia, Central China: human activity imprint since the industrial revolution[J]. Environmental Science and Pollution

Research,28:56234-56246.

150. LIU C,LIU J,ZHOU C,et al.,2021. Redox potential and C/N ratio predict the structural shift of mercury methylating microbe communities in a subalpine *Sphagnum* peatland[J]. Geoderma,403:115375.

151. LIU C,WANG S,ZHU E,et al.,2021. Long-term drainage induces divergent changes of soil organic carbon contents but enhances microbial carbon accumulation in fen and bog[J]. Geoderma,404:115343.

152. LIU H,GU Y,QIN Y,et al.,2021. The elemental enrichments at Dajiuhu Peatland in the Middle Yangtze Valley in response to changes in East Asian monsoon and human activity since 20,000 cal yr BP[J]. Science of the Total Environment,757:143990.

153. NING Y,LIU J,HUANG X,et al.,2021. Geochemical cycle of mercury associated with wet deposition and inflows in a subalpine wetland[J]. Ecotoxicology and Environmental Safety,208:111507.

154. QIN Y,LI H,MAZEI Y,et al.,2021. Developing a continental-scale testate amoeba hydrological transfer function for Asian peatlands[J]. Quaternary Science Reviews, 258:106868.

155. TIAN W,XIANG X,WANG H,2021. Differential impacts of water table and temperature on bacterial communities in pore water from a subalpine peatland,central China[J]. Frontiers in Microbiology,12:649981.

156. WANG H,TIAN J,CHEN H,et al.,2021. Vegetation and microbes interact to preserve carbon in many wooded peatlands[J]. Communications Earth & Environment,2(1):67.

157. YAN C,ZHANG Y,ZHENG M,et al.,2021. Effects of redox conditions and temperature on the degradation of *Sphagnum* *n*-alkanes[J]. Chemical Geology,561:119927.

158. ZHANG W,DODSON J,CHANG M,et al.,2021. Hydrological changes related to ENSO-like states during the last deglaciation in central eastern China[J]. Paleoceanography and Paleoclimatology,36(10):e2021PA004279.

159. ZHAO Y,LIU C,WANG S,et al.,2021. "Triple locks" on soil organic carbon exerted by sphagnum acid in wetlands[J]. Geochimica et Cosmochimica Acta,315:24-37.

160. ZHAO Y,XIANG W,HUANG C,et al.,2021. Production of hydroxyl radicals following water-level drawdown in peatlands:a new induction mechanism for enhancing laccase activity in carbon cycling[J]. Soil Biology and Biochemistry,156:108241.

161. 郭子良,刘欣艳,张曼胤,等,2022. 大九湖湿地游步道两侧草本植物群落对旅游干扰的响应[J]. 生态科学,41(6):82-91.

162. 侯桂林,曹艳敏,田文龙,等,2022. 近400年来湖北大九湖泥炭地摇蚊对湿度变化的响应[J]. 湖泊科学,34(3):1030-1043.

163. 许向南,葛继稳,冯亮,等,2022. 神农架大九湖泥炭地碳储量估算及固碳能力研究

[J]. 安全与环境工程,29(1):242-248.

164. 周文昌,张曼胤,郭子良,等,2022. 不同沼泽地对神农架大九湖湿地土壤—植被碳氮磷化学计量比的影响[J]. 华中师范大学学报(自然科学版),56(2):363-372.

165. HU T, SHI M, MAO Y, et al., 2022. The characteristics of polycyclic aromatic hydrocarbons and heavy metals in water and sediment of Dajiuhu subalpine wetland, Shennongjia, central China, 2018—2020: insights for sources, sediment-water exchange, and ecological risk[J]. Chemosphere, 309: 136788.

166. HUANG X, LIU X, CHEN L, et al., 2023. Iron-bound organic carbon dynamics in peatland profiles: The preservation equivalence of deep and surface soil[J]. Fundamental Research, 3(6): 852-860.

167. LI Z, HUANG X, NAAFS B D A, et al., 2022. Evaluation of the wider applications of the alkanol index BNA_{15} as temperature proxy in a broad distribution of peat deposits[J]. Organic Geochemistry, 173: 104486.

168. LIU H, GU Y, GE J, et al., 2022. The response of the Dajiuhu Peatland ecosystem to hydrological variations: Implications for carbon sequestration and peatlands conservation [J]. Journal of Hydrology, 612: 128307.

169. PEI H, YANG H, KUZYAKOV Y, et al., 2022. Archaeal lipids in soils and sediments: water impact and consequences for microbial carbon sequestration[J]. Soil Biology and Biochemistry, 173: 108801.

170. QIN Y, PUPPE D, LI H, et al., 2022. Peatland degradation in Asia threatens the biodiversity of testate amoebae (Protozoa) with consequences for protozoic silicon cycling [J]. Geoderma, 420: 115870.

171. WANG J, GE J, YANG X, et al., 2023. Distribution and ecological risk assessment of heavy metals in sediments of Dajiuhu Lake Wetland in Shennongjia, China [J]. Environmental Science and Pollution Research, 30(10): 25999-26011.

172. WANG L, GE J, FENG L, et al., 2022. The synergism between methanogens and methanotrophs and the nature of their contributions to the seasonal variation of methane fluxes in a wetland: the case of Dajiuhu subalpine Peatland[J]. Advances in Atmospheric Sciences, 39(8): 1375-1385.

173. WANG R, WANG H, XI Z, et al., 2022. Hydrology driven vertical distribution of prokaryotes and methane functional groups in a subtropical peatland[J]. Journal of Hydrology, 608: 127592.

174. WANG Y, LIU X, ZHANG X, et al., 2022. Evaluating wetland soil carbon stability related to iron transformation during redox oscillations[J]. Geoderma, 428: 116222.

175. XIANG X, WANG H, MAN B, et al., 2023. Diverse Bathyarchaeotal lineages dominate archaeal communities in the acidic Dajiuhu peatland, Central China[J]. Microbial Ecology, 85(2): 557-571.

176. XUE J, ZHANG X, LI J, et al., 2022. Seasonal variations of leaf wax *n*-alkane distributions and δ^2H values in peat-forming vascular plants from the Dajiuhu peatland, Central China[J]. Frontiers of Earth Science, 16(3): 774-785.

177. ZHANG L, WU Z, CHEN J, et al., 2022. Spatiotemporal patterns and drivers of net primary production in the terrestrial ecosystem of the Dajiuhu Basin, China, between 1990 and 2018[J]. Ecological Informatics, 72: 101839.

178. ZHANG Y, HUANG X, ZHANG Z, et al., 2022. Spatiotemporal dynamics of dissolved organic carbon in a subtropical wetland and their implications for methane emissions[J]. Geoderma, 419: 115876.

179. ZHANG Y, NAAFS B D A, HUANG X, et al., 2022. Variations in wetland hydrology drive rapid changes in the microbial community, carbon metabolic activity, and greenhouse gas fluxes[J]. Geochimica et Cosmochimica Acta, 317: 269-285.

180. 阿木铁布，张一鸣，黄咸雨，2023. 神农架大九湖表层泥炭碳、氮、磷含量的空间分布特征及其控制因素[J]. 湿地科学与管理，19(2): 20-25, 56.

181. 刘紫薇，葛继稳，王月环，等，2023. 大九湖泥炭湿地甲烷通量变异特征及影响因素[J]. 生态环境学报，32(4): 706-714.

182. 汪正祥，熊蔚，邓龙强，等，2023. 大九湖沼泽湿地大泥炭藓种群分布特征及其制约因素[J]. 生态学报，43(6): 2388-2396.

183. 王牧，程丹丹，阎惠香，等，2023. 湖北神农架大九湖国家湿地公园外来入侵植物调查与风险评估[J]. 湿地科学，21(3): 387-394.

184. DODSON J, SHI G, SONG M, 2023. A perspective from the past in conservation of plant biodiversity in central China[J]. Environmental Monitoring and Assessment, 195(1): 248.

185. LIU C, WANG S, ZHAO Y, et al., 2023. Enhanced microbial contribution to mineral-associated organic carbon accrual in drained wetlands: beyond direct lignin-iron interactions[J]. Soil Biology and Biochemistry, 185: 109152.

186. LIU Z, WANG J, XIE J, et al., 2023. Interactions among heavy metals and methane-metabolizing microorganisms and their effects on methane emissions in Dajiuhu peatland[J]. Environmental Science and Pollution Research, 30(13): 37415-37426.

187. SONG X, NING Y, YANG S, et al., 2023. Spatial distribution, pollution, and ecological risk assessment of metal (loid) s in multiple spheres of the Shennongjia Alpine Critical Zone, Central China[J]. International Journal of Environmental Research and Public Health, 20(2): 1126.

188. TIAN W, WANG H, XIANG X, et al., 2023. Water table level controls methanogenic and methanotrophic communities and methane emissions in a *Sphagnum*-dominated peatland[J]. Microbiology Spectrum, 11(5): e01992-23.

189. WANG R, PENG J, XU S, et al., 2023. Altitudinal variations in water and sediment composition of 47 lakes in the Three Gorges Reservoir region and its adjacent regions: implications for watershed environmental management[J]. Journal of Soils and Sediments, 23(9): 3513-3526.

190. WANG Y, WANG S, LIU C, et al., 2023. Shifting relationships between SOC and molecular diversity in soils of varied carbon concentrations: Evidence from drained wetlands[J]. Geoderma, 433: 116459.

191. XIANG X, WANG H, MAN B, et al., 2023. Diverse Bathyarchaeotal lineages dominate archaeal communities in the acidic Dajiuhu peatland, Central China[J]. Microbial Ecology, 85(2): 557-571.

192. XIANG X, WANG H, TIAN W, et al., 2023. Composition and function of bacterial communities of bryophytes and their underlying sediments in the Dajiuhu peatland, Central China[J]. Journal of Earth Science, 34(1): 133-144.

193. YANG Y, ZHANG Y, ZHANG H, et al., 2023. Quantitative reconstruction of the relative humidity by a coupled $\delta^{18}O$-$\delta^{2}H$ approach during the Younger Dryas in Central China[J]. Quaternary Science Reviews, 299: 107879.

194. YU H, HU T, MAO Y, et al., 2023. Influence of temperature and precipitation on the fate of polycyclic aromatic hydrocarbons: simulation experiments on peat cores from a typical alpine peatland in Central China[J]. Environmental Science and Pollution Research, 30(13): 37859-37874.

195. ZHANG X, ZHENG Z, HUANG K, et al., 2023. Quantification of Asian monsoon variability from 68 ka BP through pollen-based climate reconstruction[J]. Science Bulletin, 68(7): 713-722.

196. ZHAO Y, LIU C, LI X, et al., 2023. *Sphagnum* increases soil's sequestration capacity of mineral-associated organic carbon via activating metal oxides[J]. Nature Communications, 14(1): 5052.

197. 何军,彭佳,黄咸雨,等,2024. 沉积硅藻记录的近40年来神农架大九湖湿地生态水文变化[J]. 应用生态学报,35(8):2247-2255.

198. 孟小军,袁晶晶,孙新月,等,2024. 近60年大九湖土地利用变迁及对生态环境影响的启示[J]. 中国岩溶,43(3):617-626,649.

199. 申声曼,曹艳敏,侯桂林,等,2024. 神农架大九湖湿地摇蚊群落组成及其环境指示意义[J]. 湖泊科学,36(1):286-297.

200. LI X, GE J, LIU Z, et al., 2024. Estimating the methane flux of the Dajiuhu subalpine peatland using machine learning algorithms and the maximal information coefficient technique[J]. Science of the Total Environment, 916: 170241.

201. LIU Z, GE J, YANG S, et al., 2024. Carbon dioxide and methane fluxes in the growing and non-growing season in the Dajiuhu subtropical peatland: a five-year

measurement using the eddy covariance technique[J]. Agricultural and Forest Meteorology, 355:110135.

202. TIAN W, WANG R, WANG H, et al., 2024. Hydrology drives spatiotemporal patterns of methane microbial communities and methane emissions in a sub-alpine peatland, Central China[J]. Agricultural and Forest Meteorology, 353:110050.

203. ZHANG Y, NAAFS B D A, HUANG X, et al., 2024. The stable carbon and hydrogen isotopic composition of microbial fatty acids traces microbial metabolism in soils and peats[J]. Geochimica et Cosmochimica Acta, 365:85-100.

204. YANG G, ZHANG Y, HUANG X, 2025. Fluctuations of water table level in a subtropical peatland, central China[J]. Journal of Earth Science, in press. https://doi.org/10.1007/s12583-022-1752-8.

205. XIONG Z Y, QIU X, XIANG X, et al., 2025. Distance to the water table shapes the diversity and activity of DNA and RNA virus in a subalpine peatland[J]. Environmental International, 197:109363.